OPUSCULES ENTOMOLOGIQUES

PAR

E. MULSANT,

Sous - Bibliothécaire de la ville de Lyon,
Professeur d'Histoire naturelle au Lycée,
Membre de l'Académie des sciences, belles-lettres et arts,
des Sociétés d'Agriculture, Linnéenne, et Littéraire de la même ville;
Membre-honoraire de la Société Entomologique de Stettin,
Correspondant des Sociétés des Sciences de Lille, des Naturalistes de Moscou,
de Halle, de Basle, d'Altenbourg, etc., etc.

SEPTIÈME CAHIER.

PARIS.
L. MAISON, LIBRAIRE, RUE DE TOURNON, 17.

1856.

OPUSCULES
ENTOMOLOGIQUES.

LYON. — Imp. de F. DUMOULIN, rue St-Pierre, 20.

OPUSCULES
ENTOMOLOGIQUES

PAR

E. MULSANT,

Sous-Bibliothécaire de la ville de Lyon,
Professeur d'Histoire naturelle au Lycée,
Membre de l'Académie des sciences, belles-lettres et arts,
des Sociétés d'Agriculture, Linnéenne, et Littéraire de la même ville;
Membre honoraire de la Société Entomologique de Stettin,
Correspondant des Sociétés des Sciences de Lille, des Naturalistes de Moscou,
de Halle, de Basle, d'Altenbourg, etc., etc.

SEPTIÈME CAHIER.

PARIS.
L. MAISON, LIBRAIRE, RUE CHRISTINE, 3.

1856.
1857

A MONSIEUR DE LA SAUSSAYE,

MEMBRE DE L'INSTITUT,

RECTEUR DE L'ACADÉMIE DE LYON, ETC., ETC.

MONSIEUR,

Le titre glorieux qui vous rattache au premier corps savant de l'Europe, les nombreux travaux qui ont popularisé votre nom parmi les archéologues, suffiraient pour justifier mon désir de faire paraître ces feuilles modestes sous votre patronnage; mais ma pensée a été animée par un autre motif, celui de vous offrir un témoignage public des sentiments profonds de respect et de gratitude avec lesquels

J'ai l'honneur d'être

Votre tout dévoué serviteur,

E. MULSANT.

TABLE DES MATIÈRES.

FIN DE LA TABLE.

CONSTITUTION D'UN GENRE NOUVEAU

DÉTACHÉ DU GENRE **TROGOPHLŒUS**

(FAMILLE DES BRACHÉLYTRES),

PAR

E. **MULSANT** et **Cl. REY**.

(Mémoire lu à la Société Linnéenne de Lyon, le 10 décembre 1855.)

GENRE **OCHTHEPHILUS**.

(ὀχθη, rivage, φίλος, ami).

Corpus elongatum, depressum.
Palpi maxillares articulo ultimo conico, attenuato.
Antennæ apice sensim crassiores.
Pedes mediocres, basi approximati.
Tibiæ muticæ, pubescentes.
Tarsi breves, triarticulati.

Corps allongé, sublinéaire, déprimé.

Tête assez saillante ; légèrement inclinée ; subtriangulaire ; faiblement resserrée à la base ; séparée du prothorax par une espèce de cou.

Yeux sémiglobuleux, assez gros et assez saillants.

Labre transversal ; sinueux et cilié à son bord antérieur.

Mandibules peu saillantes ; bidentées à leur extrémité.

Palpes maxillaires assez grands ; à dernier article en cône atténué au sommet.

Menton transversal ; largement mais faiblement échancré en avant.

Antennes graduellement plus épaisses à leur extrémité ; à premier article assez grand, allongé : les deuxième et troisième beaucoup plus longs que les suivants: les intermédiaires submoniliformes: les quatre derniers un peu plus épais que les précédents, ou transversaux, ou guère plus longs que larges: le dernier ovalaire.

Prothorax plus ou moins rétréci en arrière, plus ou moins transversal, plus ou moins tronqué à la base et au sommet.

Écusson assez grand ; en triangle transversal.

Élytres en carré long, tronquées au sommet, arrondies aux angles postéro-externes.

Abdomen sublinéaire ; de six segments : le dernier très-petit, tronqué au sommet.

Dessous du corps assez convexe.

Pieds médiocrement allongés ; rapprochés à leur base.

Tibias non spinosules, mais pubescents.

Tarses courts ; de trois articles : les deux premiers très-courts : le dernier deux fois plus long que les deux précédents réunis.

Obs. Ce genre diffère du *G. Trogophlœus*, par la conformation du dernier article des palpes maxillaires, qui est en cône atténué, au lieu d'être en alêne. On peut y joindre deux espèces décrites par Erichson, et qui présentent ce même caractère, savoir : *Tr. omalinus* et *Tr. angustatus* (Genera et species Staphylinorum, pages 802 et 803).

Ochthephilus flexuosus.

Elongatus, depressus, parcè luteo-pubescens, nitidulus, piceus, capite abdomineque obscurioribus ; antennis rufo-ferrugineis, pedibus piceo-testaceis. Elytris grossè parcèque punctatis, thorace tertiâ parte longioribus ; hoc basi subcarinato, utrinquè obliquè fortiùs impresso, lateribus post medium dentato-flexuosis. (Pl. fig. 3).

Long. 0m,0036 (1 l. 2/3).

Corps allongé, assez déprimé; brillant; d'une couleur de poix, ordinairement plus claire sur le prothorax et plus obscure sur la tête et l'abdomen ; couvert de poils courts, brillants, jaunâtres, couchés et peu serrés.

Tête subtriangulaire ; un peu plus étroite que le prothorax; assez convexe ; d'un noir de poix brillant, avec les parties de la bouche d'un roux testacé; creusée entre les antennes de deux sillons assez larges, parallèles, se terminant sur le front par deux petites fossettes peu apparentes ; assez fortement ponctuée dans le fond et autour de ces sillons, ainsi que derrière les yeux; couverte de quelques rares poils jaunâtres transversalement ou obliquement couchés de dehors en dedans, et ciliée derrière les yeux de deux ou trois longs poils obscurs. *Cou* très-finement chagriné ; brillant ; d'un noir de poix.

Antennes un peu plus longues que la tête et le prothorax réunis ; graduellement plus épaisses à l'extrémité ; pubescentes; d'un roux ferrugineux, avec les deux ou trois premiers articles un peu plus clairs : le premier assez gros, en massue oblongue ; le deuxième subcylindrique, plus grêle et d'une moitié plus court que le précédent ; le troisième en massue allongée, plus long que le deuxième ; les quatrième à septième submoniliformes ; les huitième à dixième légèrement transversaux ; le dernier ovalaire.

Prothorax près d'un tiers moins large que les élytres; un peu plus court que large ; sensiblement rétréci en arrière ; très-faiblement subbissinueusement tronqué à la base et au sommet : à angles postérieurs droits ; les antérieurs infléchis, obtus et légèrement arrondis au sommet ; les côtés assez fortement arrondis en avant, et présentant vers les deux tiers postérieurs une petite dilatation dentiforme ; faiblement convexe ; d'une couleur de poix ferrugineuse, brillante ; garni de quelques poils jaunâtres, courts, couchés obliquement ou en travers ; chargé d'une carène longitudinale, obsolète, se prolongeant en avant un peu au-delà du milieu ; marqué à la base, de chaque côté, d'une impression oblique assez forte, et d'une autre beaucoup plus petite, ovale, de chaque côté de l'extrémité antérieure de la carène; en outre, d'une petite fossette de chaque côté vers les bords latéraux, au dessus de la dilatation dentiforme. Le fond et les bords de ces impressions sont plus ou moins grossièrement ponctués.

Écusson assez grand, triangulaire, finement et rugueusement ponctué.

Élytres plus d'un tiers plus longues que le prothorax ; déprimées ; d'une couleur de poix brillante ; marquées à la base d'une très-légère impression oblique, et sur toute leur surface de points grossiers, peu serrés, un peu oblongs; couvertes de poils courts, assez raides, couchés, peu serrés et d'un jaune brillant.

Abdomen plus long que la poitrine ; légèrement arrondi sur les côtés, qui sont assez fortement rebordés; faiblement convexe ; lisse, d'un noir de poix brillant, avec l'anus un peu plus clair ; garni d'une pubescence assez rare sur le dos, plus fournie sur les bords; cilié en outre, sur les côtés et au sommet, de quelques poils plus longs et non couchés : le cinquième segment plus grand que les précédents, un peu rétréci postérieurement, sinueux et pellucide à son bord apical ; le dernier, petit, en cône tronqué au sommet, plus ou moins voilé par le précédent.

Pieds médiocrement allongés; d'un testacé de poix; pubescents, avec deux ou trois longs poils, plus redressés que les autres, en dessous des cuisses antérieures et intermédiaires et en dessus des cuisses postérieures, et un autre poil solitaire semblable, au milieu de la tranche externe des tibias. *Tarses* courts; pubescents; testacés.

PATRIE : Beaujolais, parmi les feuilles mortes, sur les bords de l'Ardière. Principalement en automne.

DESCRIPTION

D'UNE

ESPECE NOUVELLE DU GENRE PLEGADERUS

(FAMILLE DES HISTÉRIDES),

par

E. MULSANT et Cl. REY.

(Présentée à la Société Linnéenne de Lyon, le 12 juin 1854.)

Plegaderus hispidulus.

Oblongo-subquadratus, leviter convexus, nitidus, breviter albido-hispidulus, grossè parcéque punctatus, niger, pedibus antennisque rufis, capitulo pallidiori. Prothorace margine laterali incrassato, dorso non transversim sulcato; elytris extùs obsoletè bistriatis.

Long. 0,0012 (1/2 l.).

Corps en carré long, un peu plus étroit en arrière et en avant, légèrement convexe, d'un noir brillant; couvert de poils courts, hispides, blanchâtres, peu serrés.

Tête verticale, près d'une moitié plus étroite que le prothorax, subtriangulaire, subdéprimée entre les antennes, longitudinalement convexe sur l'épistome qui est arrondi à son sommet où il présente quatre longs poils; d'un noir assez brillant, obsolètement et rugueusement ponctuée, et garnie surtout en avant, d'une pubescence très-courte, hispide, blanchâtre. *Parties de la bouche* d'un roux de poix. *Yeux* noirs, déprimés, en partie cachés par le prothorax.

Antennes atteignant le milieu du prothorax, légèrement pubescentes, d'un roux-ferrugineux, avec le bouton plus clair, testacé.

Prothorax très-grand, un peu plus large que long, de la largeur des élytres à leur base, rétréci en avant à partir du quart antérieur; faiblement arrondi sur les côtés qui sont épaissis en forme de bourrelet entier; assez fortement échancré au sommet et légèrement arrondi au milieu de la base; les angles antérieurs infléchis et aigus, les postérieurs droits; sans sillon transversal sur le dos; assez convexe, d'un noir brillant, couvert d'une ponctuation assez grossière, peu serrée, obsolète, et de poils hispides très-courts, blanchâtres.

Écusson très-petit, triangulaire, noir, lisse.

Élytres d'un quart plus longues que le prothorax, légèrement convexes, largement tronquées au sommet; à côtés s'élargissant derrière les épaules jusqu'au quart antérieur, puis se rétrécissant insensiblement, d'une manière faiblement cintrée, jusqu'à l'extrémité; d'un noir brillant; couvertes de points grossiers, peu serrés, et de poils hispides, courts, couchés, blanchâtres; marquées à la base sur les côtés de deux stries sulciformes, obsolètes, arquées, obliques, s'effaçant avant le milieu.

Pygidium peu saillant; ponctué; d'un noir brillant.

Dessous du corps ponctué; d'un noir brillant.

Pieds courts, d'un roux ferrugineux. *Cuisses* épaisses, latéralement comprimées, offrant quelques poils hispides, blanchâtres, très-courts. *Tibias* légèrement arqués, spinosules: les antérieurs brusquement dilatés dans la dernière moitié de leur arête externe, où ils présentent quatre denticules, bien distincts. *Tarses* d'un roux-testacé, brièvement ciliés; à troisième article aussi long que les précédents réunis.

Patrie : Draguignan. Rare.

DESCRIPTION

D'UN COLÉOPTÈRE INÉDIT

CONSTITUANT UN GENRE NOUVEAU

VOISIN DU **G. PSEUDOPSIS**

(FAMILLE DES BRACHÉLYTRES),

PAR

E. MULSANT et Cl. REY.

(Lue à la Société Linnéenne de Lyon, le 13 août 1855.)

GENRE **PHOLIDUS.**

(φωλις — δος, écaille).

Corpus depressum, squamiferum.

Palpi maxillares articulo ultimo magno, conico.

Antennæ graciles, articulo primo permagno, incrassato.

Pedes tenues, breviusculi.

Tibiæ extùs obsoletè spinosulæ.

Tarsi breves, triarticulati.

Corps court ; déprimé ; couvert d'écailles en dessus.

Tête proéminente ; libre; assez grosse.

Yeux gros; subglobuleux ; saillants.

Labre grand; transversal.

Mandibules peu saillantes.

Palpes maxillaires à dernier article très-grand ; en cône renversé.

Menton transversal ; trapéziforme.

Antennes grêles; de onze articles : le premier très-gros, épais, intérieurement dilaté en angle arrondi : le deuxième petit, en ovale court : les troisième, quatrième et cinquième allongés, sublinéaires : les sixième à onzième allant insensiblement en grossissant et formant une massue allongée ; les sixième à huitième subégaux, coniques : le neuvième pas plus long que large, en cône tronqué : le dixième légèrement transversal : le dernier en ovale court, rétréci au sommet.

Prothorax transversal; cyathiforme; largement subtrilobé à sa partie antérieure.

Écusson très-petit, triangulaire.

Élytres larges ; déprimées ; simultanément échancrées à la base ; sinueusement tronquées aux angles postéro-externes ; chargées de côtes longitudinales peu saillantes.

Ailes complètes.

Abdomen ample ; largement rebordé ; postérieurement acuminé ; de six segments visibles : le premier plus grand que les suivants ; le dernier petit, conique.

Dessous du corps convexe.

Métasternum très-développé.

Pieds courts ; assez grêles ; rapprochés à leur insertion.

Tibias obtusément spinosules en dehors ; ciliés en dedans, à leur sommet.

Tarses courts ; de trois articles : les premier et deuxième petits, subégaux, pubescents : le troisième plus long que les deux précédents réunis.

OBS. Ce genre, voisin du *G. Pseudopsis* par la forme de la tête et du dernier article des palpes maxillaires, s'en éloigne, ainsi que de tous les autres genres de la même tribu, par son corps écailleux, et par la structure de ses antennes et de son prothorax.

Pholidus insignis.

Brevis, depressus, opacus, niger, fusco-griseo-squamosus, pedibus rufo-ferrugineis. Prothorace cyathiformi, anticè subtrilobo, postice coarctato. Elytris hoc paulò longioribus, depressis, costatis. Abdomine amplo, latè marginato.(Pl. fig. 2.)

Long. 0m,0022 (1 l.).

Corps court; déprimé; opaque; noir, et couvert d'écailles d'un gris plus ou moins obscur.

Tête assez grosse; un peu étranglée postérieurement à sa réunion avec le prothorax ; d'un tiers plus étroite que celui-ci ; assez large en arrière, et un peu rétrécie en avant ; opaque, noire et couverte de squamules grisâtres ; chargée en outre de trois tubérosités : une, de chaque côté, vers l'insertion des antennes : la troisième grande, oblongue, longitudinale, occupant tout le milieu du crâne. *Parties de la bouche* d'une couleur de poix testacée avec les *palpes maxillaires* noirs. *Yeux* gros, saillants, noirs.

Antennes grèles; noires ; légèrement pubescentes ; aussi longues que la tête, le prothorax et les élytres, et terminées par une massue allongée : à premier article très gros, épais, couvert sur toute sa surface d'écailles grisâtres, et dilaté au côté interne en angle obtus, arrondi au sommet : le deuxième petit, en ovale court, offrant quelques rares et petites écailles cendrées, souvent caduques ; les troisième à cinquième allongés, subfiliformes ; le troisième beaucoup plus grèle et deux fois plus long que le précédent : le quatrième un peu plus court, et le cinquième un peu plus long que le troisième : les sixième à huitième obconiques, subégaux, graduellement un peu plus épais; le neuvième en cône renversé, tronqué au sommet, pas plus long que large : le dixième légèrement transversal : le dernier en ovale court, assez brusquement rétréci au sommet.

Prothorax d'un quart plus étroit que les élytres ; transversal, cyathiforme; brusquement rétréci en arrière; tronqué à la base, avec les angles postérieurs obtus; antérieurement largement subtrilobé : le lobe médian occupant le milieu du bord antérieur : les externes figurant une large oreillette formée des angles antérieurs et des deux tiers antérieurs des bords latéraux; d'un noir opaque; couvert d'écailles grisâtres ; chargé au milieu du disque d'une gibbosité oblongue, bifide en avant; le lobe médian et toute la base relevés en forme de bourrelets, légèrement interrompus ou sillonnés en leur milieu ; les lobes latéraux plus faiblement relevés à leur bord.

Écusson triangulaire ; noir; très-petit.

Élytres larges; formant ensemble un carré transversal; simultanément échancrées derrière le prothorax au milieu de leur base ; individuellement tronquées au sommet d'une manière un peu oblique de dehors en dedans ; à épaules légèrement arrondies, à côtés faiblement arqués ou presque droits, et à angles postéro-externes largement et sinueusement tronqués ; déprimées; d'un noir opaque, avec la suture, les côtés, la base, le sommet et trois lignes longitudinales sur le disque, relevés en forme de côtes plates et composées de squamules grisâtres : les côtes latérale et apicale assez larges : la suturale et les discales assez étroites; l'externe de celles-ci partant de l'épaule où elle est réunie à la basilaire par un épaississement notable, se dirigeant un peu obliquement de dehors en dedans, s'affaiblissant et n'atteignant point l'apicale : la médiane presque droite, entière, partant de la basilaire pour aller se réunir à l'apicale : l'interne partant aussi de la basilaire, presque droite jusqu'aux deux tiers postérieurs où elle se déjette un peu en dehors, et n'atteignant pas l'apicale ; toutes ces côtes s'épaississent plus ou moins à leur point de réunion, et offrent entre elles une série plus ou moins régulière de squamules grisâtres, plus ou moins nombreuses et plus ou moins caduques.

Ailes subopaques ; blanches.

Abdomen un peu plus large que les élytres ; légèrement convexe en son milieu ; fortement arrondi sur les côtés, et assez brusquement rétréci au sommet ; largement rebordé, avec les rebords fortement relevés ; d'un noir opaque ; uniformément couvert de squamules grisâtres ; à premier segment d'un tiers plus grand que les suivants : le dernier petit, conique.

Dessous du corps convexe ; noir ; assez brillant ; offrant une granulation plate comme écailleuse, plus forte sur la poitrine. *Ventre* en outre couvert de petits poils hispides, très-courts, blanchâtres, peu serrés.

Pieds courts; assez grêles; d'un roux ferrugineux. *Tibias* légèrement ciliés en dedans à leur sommet; obscurément spinosules en dehors. *Tarses* courts ; pubescents ; d'un roux testacé, avec le sommet du troisième article un peu plus foncé.

PATRIE : Hyères. Parmi les débris végétaux, au bord des eaux saumâtres. Au premier printemps. Rare.

DESCRIPTION

D'UNE

ESPÈCE NOUVELLE DU GENRE CHRYSOMELA

PAR

E. MULSANT.

(Présentée le 14 février 1854.)

Chrysomela Ludovicæ.

Oblongue ; presque parallèle ; médiocrement convexe ; noire ; prothorax d'un rouge brunâtre ; élytres ornées d'une bordure suturale et chacune d'une bordure marginale moins étroite, d'une couleur semblable : le premier, grossièrement ponctué et faiblement sillonné longitudinalement près de chaque bord latéral, assez finement ponctué sur le dos : les secondes, chagrinées. (Pl. fig. 1.)

Long. 0,0095 (4 1/4 l.) Larg. 0,0048 (2 1/8 l.).

Corps oblong ; presque parallèle; médiocrement convexe. *Tête* très-penchée ou presque verticale ; noire, peu luisante ; marquée de points petits et peu rapprochés ; rayée sur le milieu du front d'une ligne longitudinale assez légère ; à suture frontale en arc dirigé en arrière : labre et palpes noirs. *Antennes* prolongées jusqu'à la moitié du corps ; presque filiformes jusqu'au quatrième ou cinquième article, plus visiblement subcomprimées et plus larges sur les derniers ; d'un noir luisant, parcimonieusement ponctuées et garnies de poils courts, fins et peu nombreux sur les cinq premiers articles, d'un noir brun mat, pubescentes et densement pointillées sur les autres : le premier, un peu renflé dans son milieu, un peu moins long que le troisième : le deuxième, petit, globuleux : le troisième, plus grand que le quatrième : le cinquième presque égal au précédent : les cinquième à dixième un peu plus longs, presque égaux : le onzième un peu brusquement rétréci vers les deux tiers de sa longueur et comme formé de deux articles soudés. *Yeux* noirs. *Prothorax* échancré en devant, c'est-à-dire presque en ligne droite dans sa partie médiaire, avec les angles avancés, embrassant les yeux sur les côtés; élargi en ligne courbe jusqu'à la moitié de ses bords latéraux, plus faiblement rétréci ensuite ; en arc dirigé en arrière et bissinué, à la base; deux fois et demie environ aussi large que long; à peine convexe ; rayé de deux espèces de sillons longitudinaux, naissant chacun du bord antérieur, vers la partie de celui-ci correspondant au côté interne des yeux, prolongés chacun jusqu'à la base, en se rapprochant un peu du bord latéral ; offrant la partie en dehors de ce sillon plus plane ou moins déclive ; marqué de points gros sur ces sillons et sur les parties voisines, plus fins sur le dos ; d'un rouge brunâtre ou d'un rouge testacé. *Ecusson* en triangle plus long que large, à côtés curvilignes ; lisse, luisant ; noir ou d'un rouge obscur. *Elytres* d'un sixième plus larges en devant que le prothorax à ses angles postérieurs ; presque parallèles jusqu'aux deux tiers, arrondies à l'extrémité ; médiocrement convexes ; à calus huméral peu saillant, assez faiblement déprimées entre lui et la suture ; chagrinées, mais plus finement vers l'extrémité ; à granulations écrasées ; rayées d'une strie juxta-suturale distincte seulement à partir des deux tiers ; noires ou d'un noir brûlé, avec la suture d'un rouge testacé obscur, sur une largeur un peu plus étroite que la base de l'écusson ; ornées sur les côtés d'une bordure d'un rouge testacé plus clair ou plus jaunâtre, laquelle se confond graduellement avec la couleur foncière. *Repli* d'un rouge jaunâtre. Repli prothoracique de même couleur. *Dessous du corps* d'un rouge jaunâtre ou testacé sur la majeure partie des cotés de l'antepectus, d'un noir luisant sur le reste; parcimonieusement et finement ponctué; peu distinctement garni de poils fins et clairsemés. *Prosternum* élargi et plan après les hanches, tronqué à l'extrémité. *Partie antéro-médiaire du premier arceau ventral* tronquée en devant. *Pieds* noirs, luisants; peu ponctués. *Jambes* garnies, à partir de la moitié jusqu'à l'extrémité, de poils d'un fauve cendré, graduellement plus longs et plus apparents.

Cette belle espèce a été découverte, près de Gavarnie, dans les Pyrénées, par feue Madame Louise de Gueneau d'Aumont, née de Coucy, à qui je l'ai dédiée. Puisse cet insecte rappeler longtemps le souvenir de cette femme si bonne et si aimable, pour laquelle l'Entomologie avait tant d'attraits !

EXPLICATION DE LA PLANCHE.

Fig. 1. Chrysomela Ludovicæ.
b. Antenne.
c. Tarse antérieur.
d. Tarse.

Fig. 2. *a*. Pholidus insignis.
b. Les trois premiers articles des *antennes*.
c. Derniers articles des *palpes maxillaires*.

Fig. 3. *a*. Ochthephilus flexuosus.
b. Derniers articles des *palpes maxillaires* dans le genre *Ochthephilus*.
c. Derniers articles des *palpes maxillaires* dans le genre *Trogophlœus*.

F. 1

c

b

d

F. 2

c

b

F. 3

c

b

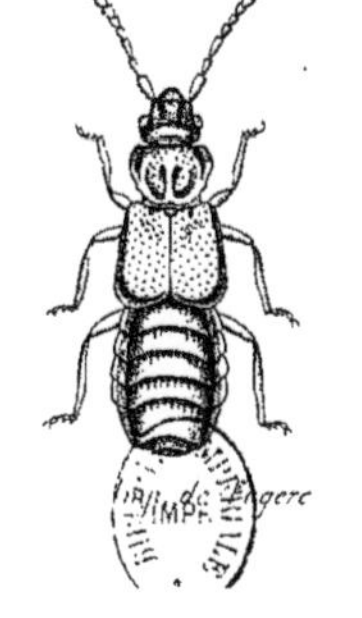

Rey del.

Imp. de ...gère

Dechaud Sc.

DESCRIPTION

D'UNE

ESPÈCE NOUVELLE DE COLÉOPTÈRE

DE LA TRIBU DES LATIGÈNES,

PAR

E. MULSANT et Cl. REY,

(Présentée à la Société Linnéenne de Lyon, le 13 juin 1855).

Helops pellucidus.

Ovale-oblong; convexe; entièrement d'un jaune testacé. Yeux noirs. Prothorax presque tronqué et bissubsinué en devant, élargi jusqu'aux deux cinquièmes environ, en ligne droite et parallèle ensuite, à angles postérieurs émoussés et un peu ouverts; tronqué ou à peine arqué en arrière, à la base; convexe; assez finement ponctué. Élytres un peu élargies jusqu'à la moitié, rétrécies ensuite assez régulièrement jusqu'à l'angle sutural, à rebord marginal uniforme, peu tranchant; à stries assez légères et finement ponctuées. Intervalles pointillés: le huitième, postérieurement uni au deuxième. Cuisses hérissées de poils en dessous.

Long. 0,0051 à 0,0072 (2 1/4 à 3 1/4 l.) Larg. 0,0033 à 0,0045 (1 1/2 à 2 l.).

Patrie : Le midi de la France.

Obs. Cette espèce a tant d'analogie avec l'*H. pallidus* qu'elle ne paraît pas s'en distinguer au premier coup-d'œil. Mais avec un peu d'attention, on reconnaît facilement les différences qui séparent ces deux espèces. Dans l'*H. pallidus*, les côtés du prothorax vont en s'élargissant jusqu'à la moitié, et se rétrécissent ensuite en formant avant les angles postérieurs une sinuosité très-apparente : ces angles se trouvent par-là rectangulairement ouverts et assez vifs : la base du prothorax est à peu près en ligne droite. Chez l'*H. translucidus*, le prothorax s'élargit jusqu'aux deux cinquièmes environ de ses côtés, qui sont ensuite en ligne droite et parallèle ; les angles postérieurs se trouvent par-là un peu plus ouverts que l'angle droit et émoussés, et la base est très-légèrement arquée en arrière plutôt qu'en ligne droite, quand l'insecte est vu perpendiculairement en dessus.

L'*H. pallidus* habite les rives de la mer ; l'*H. pellucidus* se trouve principalement sur les chênes verts.

NOTES

RELATIVES A QUELQUES INSECTES COLÉOPTÈRES

DE LA TRIBU DES PECTINIPÈDES,

PAR

M. E. MULSANT,

Présentée à la Société Linnéenne de Lyon, le 12 novembre 1855.

FAMILLE DES CISTÉLIENS.

ALLÉCULATES.

Ce groupe doit s'enrichir de la coupe nouvelle suivante :

Genre *Upinella*, Upinelle.

Caractères. *Tête* plus longue que large. *Antennes* prolongées environ jusqu'à la moitié (♀), ou un peu plus (♂) du corps ; grêles ; presque filiformes, moins minces des trois cinquièmes aux trois quarts de leur longueur ; de onze articles : le deuxième très court : le troisième notablement plus long que le quatrième, égal environ au cinquième de sa longueur totale : les trois derniers graduellement plus courts que les six précédents, ovalaires. *Mâchoires* à deux lobes. *Menton* élargi d'arrière en avant ; tronqué en devant. *Yeux* assez saillants ; échancrés. *Prothorax* plus rapproché du carré transverse que de la forme semi-orbiculaire ; à angles postérieurs non courbés en arrière sur les angles huméraux des étuis. *Elytres* d'un sixième ou d'un cinquième plus larges en devant que le prothonax à sa base. *Repli* prolongé presque jusqu'à son extrémité. *Prosternum* non comprimé, séparant les hanches ; non prolongé après le bord de l'antépectus. *Mésosternum* tronqué ou presque bidenté à son extrémité ; notablement plus large à celle-ci que le prosternum. *Postepisternums* allongés ; presque parallèles. *Pieds* allongés, surtout les postérieurs. *Cuisses* comprimées. *Jambes* grêles. *Tarses* antérieurs et intermédiaires à troisième et quatrième articles munis en dessous d'une sole membraneuse sensiblement avancée sous l'article précédent : les postérieurs (1) à quatrième article muni d'une sole semblable. *Premier article des tarses postérieurs* au moins aussi long que les trois suivants réunis. *Ongles des pieds postérieurs* offrant chacune de leurs branches munie de cinq ou six dents.

Ce genre, très-voisin de celui d'*Allecula*, s'en distingue facilement par les caractères fournis par les antennes.

U. aterrima (Dejean).

Suballongée; glabre en dessus. D'un noir mat. Antennes et partie des pieds souvent moins obscurs. Tête densement ponctuée. Prothorax tronqué en devant et à la base ; un peu arqué et étroitement rebordé sur les côtés ; peu densement et finement ponctué. Elytres à neuf stries profondes et marquées de points qui les crénèlent à peine ; offrant en outre une strie juxta-suturale prolongée jusqu'au tiers. Intervalles presque plans en devant, subconvexes postérieurement : impointillés.

---

(1) Dans mon travail sur les Pectinipèdes, p. 37, ligne 18, l'oubli du mot *postérieurs* après celui de *tarses*, peut offrir de l'incertitude. Dans le genre *Allecula*, les quatre tarses antérieurs offrent aussi les troisième et quatrième articles en forme de sole ; aux tarses postérieurs l'avant dernier article présente seul ordinairement ce caractère. Mais quelquefois chez les Allécules et chez les Upicules, principalement chez les (♂), le deuxième article des quatre tarses antérieurs et le troisième des postérieurs présente un petit allongement qui simule une sole rudimentaire ; ordinairement alors cette fausse sole est rétrécie à son extrémité, au lieu d'être tronquée.

♂ Yeux séparés sur le front par un espace un peu moins large que le diamètre transversal de l'un d'eux.

♀ Yeux séparés sur le front par un espace plus grand que le diamètre transversal de l'un d'eux.

Helops aterrimus, (DEJ.) Catal. (1824) p. 70.

Upis aterdoides, ZIEGLER, in Litter. — (DEJ.) Catal. (1821) p. 70. — *Id.* (1833) p. 213. — *Id.* (1837) p. 234.

Allecula aterrima, (DÉJEAN) Catal. (1833) p. 213. (1837) p. 234. — KUSTER, Kaef. Europ. 18. 58.

Upis cisteloides, (FINDEL.) (DEJ.) Catal. (1833) p. 213. — *Id.* (1837) p. 234.

Long. 0,0107 à 0,0112 (4 3/4 à 5 l.). Larg. 0,0033 (1 1/2 l.).

Corps suballongé; peu convexe sur sa partie longitudinalement médiaire ; d'un noir mat, en dessus. *Tête* densement et un peu ruguleusement ponctuée ; déprimée sur la suture frontale ; tronquée en ligne droite à la partie antérieure de l'épistome. *Antennes* prolongées au moins jusqu'à la moitié de la longueur du corps; parfois noires, ordinairement couleur de poix. *Prothorax* tronqué en devant et à la base ; arqué sur les côtés, soit ordinairement d'une manière régulière et offrant vers le milieu sa plus grande largeur, soit en offrant parfois celle-ci vers ses deux tiers ; presque plan sur le dos, convexement déclive sur les côtés ; muni à ceux-ci, d'un rebord très-étroit ; d'un quart environ moins long qu'il est large dans son diamètre transversal le plus grand ; finement ponctué. *Elytres* d'un quart au moins plus larges après les épaules que le prothorax à la base ; plus larges que lui dans son diamètre transversal le plus grand ; à stries profondes, marquées de points les débordant à peine : les quatrième et cinquième ordinairement plus courtes, non unies postérieurement, encloses par les voisines. *Repli* tourné en dehors. *Prosternum* sillonné, séparant les hanches. *Pieds* allongés ; grêles. *Cuisses* ordinairement d'un noir brun.

Jambes brunes ou d'un brun rouge. *Tarses* fauves ou d'un rouge brun.

Patrie : la Styrie, l'Illyrie (collect. Chevrolat, Reiche.)

Obs. La couleur de quelques parties varie, suivant le développement de la matière colorante. Quelquefois tout le corps est noir, moins les tarses qui sont bruns ou d'un brun rouge ; d'autres fois les antennes, une partie des palpes, le labre, les jambes et les tarses sont d'un brun rouge ou d'un rouge brun.

CISTELATES.

Au genre *Gonodera* se rapporte l'espèce suivante .

G. metallica , (Chevrolat), Kuster.

Suballongé ; glabre, luisant et d'un brun métallique, en dessus. Dessous du corps d'un brun rouge ou d'un rouge brun : bouche , antennes et pieds d'un rouge brun ou d'un roux ferrugineux testacé. Ecusson en triangle à côtés un peu curvilignes. Elytres à fossette humérale prononcée ; à stries prononcées et ponctuées : la quatrième ordinairement unie postérieurement à la cinquième. Intervalles plans, finement ponctués.

Cistela metallica (Chevrolat) (Dejean) , Catal. (1833) , p. 214. — *Id.* (1837), p. 235. — Kuster , Kaef. Europ. 20. 73.

Long. 0,0112 (5 l.). Larg. 0,0039 (1 3/4 l.).

Patrie : la Lombardie et diverses autres parties de l'Italie (collect. Aubé , Chevrolat).

Genre *Hymenorus*.

H. rugicollis.

Suballongé ; peu convexe ; garni en dessus de poils obscurs, presque couchés ; d'un noir brun : bouche et antennes d'un brun testacé. Pieds d'un fauve testacé. Prothorax subparallèle dans sa seconde moitié ; sans rebord à sa base ; ruguleusement ponctué ; à peine déprimé au-devant des sinuosités basilaires, sans dépression sur la ligne médiane. Ecusson triangulaire. Elytres à stries ponctuées et subcrénelées. Intervalles peu convexes et ruguleusement ponctués. Hanches séparées par le prosternum.

Long. 0,0067 (3 l.) Larg. 0,0026 (1 1/2 l.).

Patrie ? (collect. Chevrolat).

L'exemplaire unique et dépourvu de son abdomen d'après lequel a été fait cette description, s'éloigne de l'*H. Doublieri* par son prothorax sans rebord distinct à la base, sans traces de sillon ou de dépression sur la ligne médiane, rugueusement ponctué ainsi que les côtés de l'antépectus ; par son écusson triangulaire ; par la couleur de sa bouche et de ses palpes, couleur qui peut être sujette à varier.

Cet exemplaire paraît être un ♂. Ses yeux sont séparés l'un de l'autre, dans leur point le plus rapproché, par un espace sensiblement moins grand que le diamètre transversal de l'un d'eux. Ne serait-il que le ♂ de l'*H. Doublieri* que je n'ai pas vu ? Ce rapprochement des yeux chez le ♂ doit faire modifier les caractères que j'ai donnés en fondant primitivement le genre (Opuscules entomol. 1er cahier, p. 68).

Au genre *Cistela*, resserré dans les limites que je lui ai données, se rapporte l'espèce suivante :

C. serrata ; Chevrolat.

Suballongée, ovalaire ; garnie en dessus d'une pubescence courte et soyeuse ; noire : prothorax d'un roux rouge ou d'un roux testacé. Ecusson et élytres d'un roux testacé, ou testacés : celles-ci à stries ponctuées.

Long. 0,0112 (5 l.)

Cistela serrata, Chevrolat, *in* Guérin, Iconogr. du règne anim. de Cuvier, p. 125. fig. 9, a, détails (suivant le type).

Cistela saperdoides, (DÉJEAN) Catal. (1833) p, 213. —*Id.* (1837) p. 236. — KUSTER, Kaef. Europ. 20. 71.

PATRIE : la Hongrie (collect. Chevrolat, Reiche.)

OBS. Elle a beaucoup d'analogie avec la *C. ceramboides*. La tête, les palpes, les antennes, le dessous du corps et les pieds sont noirs : le prothorax et les élytres sont roux ou d'un roux testacé ou d'une teinte rapprochée : le prothorax tire ordinairement un peu sur le rouge roux.

Au genre *Isomira* se rapporte l'espèce suivante :

I. corsica.

Oblongue ; ruguleusement pointillée ; garnie en dessus de poil testacés, fins, couchés et médiocrement serrés ; tête et prothorax d'un rouge testacé : élytres testacées. Dessous du corps brun testacé ou testacé : pieds d'un flave testacé. Prothorax d'un quart environ plus large à la base qu'il est long sur son milieu ; plus étroit postérieurement que les élytres; subsinué et déprimé vers chaque tiers externe de sa base, avec les angles postérieurs rectangulairement ouverts, vifs, un peu moins prolongés en arrière que la partie médiaire ; subsillonné sur le dernier tiers de la ligne médiane. Élytres offrant une strie juxta-suturale affaiblie en devant et postérieurement une autre voisine de celle-ci.

Long. 0,0056 à 0,0059 (2 1/2 à 2 3/4 l.) larg. 0,0022 à 0,0026 (1 à 1 1/5 l.).

Cette espèce a été trouvée en Corse par M. Reveillière.

OBS. Le dessous du corps, dans l'état qui paraît normal, est brun ou d'un brun testacé, ainsi que le repli ; chez d'autres exemplaires il est testacé ou d'un testacé rougeâtre.

L'*I. corsica* a quelque analogie avec l'*I. antennata* ; elle s'en rapproche par la couleur de sa tête et de son prothorax ; mais elle s'en distingue par ce segment proportionnellement moins court ou plus allongé, plus étroit à la base que les élytres, à angles postérieurs un peu moins longuement prolongés en arrière que la partie médiaire de sa base, subsillonné sur le dernier tiers de sa ligne médiane.

Au genre *Eryx* se rattachent les deux espèces suivantes :

1. E. anthracina.

Ovalaire ; médiocrement convexe ; d'un noir brun un peu luisant ; ruguleusement ponctuée et garnie de poils obscurs et mi-couchés, en dessus. Dessous du corps, pieds et partie au moins des antennes, ordinairement bruns. Prothorax déprimé au devant de chaque sinuosité basilaire. Elytres marquées sur toute leur longueur de deux stries juxta-suturales, de deux autres dans leur seconde moitié, légèrement ou obsolètement striées sur le reste de leur surface; assez finement ponctuées. Prosternum courbé longitudinalement conformément aux hanches, ne les dépassant pas postérieurement.

Long. 0,0090 (4 l.). larg. 0,0045 (2 l.)

Patrie ? (collect. Chevrolat).

Obs. Cette espèce a beaucoup d'analogie avec l'*E. atra*. Elle s'en éloigne par sa taille plus petite; par sa teinte moins foncée; par son prothorax offrant, au devant de chaque sinuosité de la base, une dépression assez légère, et une autre moins sensible, au devant de l'écusson; par son prosternum convexement déclive à sa partie postérieure, parallèlement aux hanches qu'il ne dépasse pas postérieurement, même vers leur base.

Je n'ai vu que le ♂. La ♀ pourrait avoir les élytres moins légèrement striées sur leur moitié externe. La couleur du corps peut aussi être parfois plus foncée.

2. E. mauritanica.

Ovalaire; médiocrement convexe; d'un noir un peu luisant; ruguleusement ponctuée et garnie de poils obscurs et mi-couchés en dessus : base des antennes et partie au moins des pieds souvent moins obscures. Elytres offrant dans leurs deux cinquièmes postérieurs les première et deuxième stries juxta-suturales distinctes ; les troisième et quatrième plus courtes et plus légères, sans stries sur le reste. Prosternum obliquement déclive postérieurement, prolongé après les hanches, vers la base de celles-ci.

Pryonychus mauritanicus, (Gaubil.) Catal. p. 225.

Long. 0,0100 (4 1/2 l.). larg. 0,0052 (2 1/3 l.).

Patrie : la Sicile (collect. Aubé); l'Algérie (collect. Chevrolat, Reiche, et Gaubil, *type*).

Obs. Cette espèce se rapproche de l'*E. atra* par la forme de son prosternum ; mais elle en diffère par sa taille plus petite. Elle est d'ailleurs très-facile à reconnaître à ses élytres sans stries sur leur moitié antérieure au moins, et sur la moitié externe de leur partie postérieure.

OMOPHLIENS.

Les genres *Podonta* et *Cteniopus* renferment des espèces qui se lient les unes aux autres par des transitions si insensibles, qu'il est difficile d'établir, pour séparer les deux coupes, des caractères distinctifs bien tranchés. Ni la forme des articles des palpes admises par Solier, ni les autres indications fournies par des auteurs divers n'indiquent des limites précises entre ces deux genres. La plupart des Cténiopes ont le corps plus étroit que ceux des Podontes ; mais le *C. sulphuripes* ♀ se rapproche déjà de ces derniers sous ce rapport. La même espèce s'éloigne de ses congénères par son prothorax presque aussi large à la base que les élytres aux épaules. Les Cténiopes se distinguent généralement des insectes de l'autre coupe par leurs antennes plus grêles, à peu près filiformes et plus longues que la moitié du corps ; mais le *Podonta alpina* a de l'analogie avec les Cténiopes, par la longueur et le peu d'épaisseur de ces organes. Enfin les

Cténiopes n'offrent pas la base de leur prothorax courbée en arrière sur les angles huméraux des élytres, comme la plupart des Podontes ; mais le *P. lugubris* présente aussi une exception à cette règle.

Pour les espèces ci-après, que j'ai eu l'occasion d'observer, on pourrait établir de la manière suivante la diagnose des caractères génériques, caractères que j'ai dû donner un peu différents, pour les rendre plus précis, pour nos espèces de France.

Genre *Podonta*, Mulsant (1).

Caractères. *Antennes* plus épaisses dans leur seconde moitié ; à troisième article généralement d'un quart plus long que le quatrième ; habituellement moins longues ou à peines aussi longues que la moitié du corps , parfois un peu plus longues , mais alors prothorax sensiblement courbé en arrière à ses angles postérieurs sur ceux des élytres. *Dernier article des palpes maxillaires* très-obliquement tronqué à son extrémité ; offrant son côté antéro-interne de deux tiers au moins aussi grand que le postéro-interne. *Prothorax* plus rapproché de la forme du demi-cercle que de celle du parallélipipède transversal ; à peu près aussi large à sa base que les élytres à leur partie antérieure ; ordinairement courbé en arrière sur les angles huméraux de celles-ci. Elytres plus souvent obtusément arrondies chacune à l'extrémité.

De tous ces caractères , celui tiré de la longueur du troisième article des antennes semble être le plus sensible et le moins inconstant.

---

(1) Hist. nat. des Coléopt. de France (Pectinipèdes), p. 66.

Les espèces du genre *Podonta* qui me sont connues, sont les suivantes :

A. Prothorax non courbé, à sa base, sur les angles huméraux des élytres.
Lugubris.

AA. Prothorax sensiblement courbé en arrière, à sa base, sur les angles huméraux des élytres.

B, Antennes à peine aussi longuement ou à peine plus longuement prolongées que la moitié du corps. Elytres obtusément tronquées ou subarrondies chacune à l'extrémité.
Nigrita.
Aubei.

BB. Antennes plus longuement prolongées que la moitié du corps. Elytres subarrondies, prises ensemble, à l'extrémité.
Alpina.

1. P. lugubris ; Kuster.

Oblong ou suballongé ; médiocrement convexe ; d'un noir luisant ; garni en dessus de poils fins , couchés et obscurs. Antennes à peine aussi longuement prolongées que la moitié du corps. Prothorax élargi jusqu'à la moitié, faiblement rétréci postérieurement ; à angles postérieurs non courbés en arrière sur ceux des étuis ; finement ponctué. Elytres à stries peu profondes, mais distinctes. Intervalles pointillés. Prosternum très-comprimé entre les hanches, un peu moins élevé qu'elles, souvent peu distinct après la moitié de celles-ci.

Long. 0,0100 à 0,0112 (4 1/2 à 5 l.). Larg. 0,0045 (2 l.).

♂ Ongles des tarses antérieurs élargis vers le milieu de leur peigne. Sixième arceau ventral creusé sur presque toute sa largeur d'une gouttière profonde, offrant longitudinalement, sur sa partie médiaire, une faible arête bifurquée : tranches latérales de cette gouttière arrondies chacune à l'extrémité.

Cistela lugubris, (Frivaldsky) Kuster, Kaef. Europ. 20. 80.

Patrie : la Turquie (collect. Aubé).

Corps oblong ou suballongé ; noir ; pubescent ; soyeux. *Tête* ponctuée, plus finement sur sa moitié postérieure que sur l'antérieure; sans fossette sur le milieu du front. *Antennes* assez épaisses, à peine prolongées jusqu'à la moitié du corps. *Prothorax* tronqué en devant, sans dépression derrière les yeux; subarrondi et déclive aux angles de devant; élargi en arc sur les côtés, c'est-à-dire élargi en ligne courbe jusque vers la moitié, et faiblement rétréci ensuite jusqu'aux angles postérieurs, qui sont peu émoussés et rectangulairement ouverts; tranchant et sans rebord sur les côtés; muni à la base d'un rebord étroit, peu distinct près des angles de derrière; aussi finement ponctué que la partie postérieure de la tête; garni de poils fins et courts. *Élytres* à peine plus larges en devant que le prothorax à ses angles postérieurs; subparallèles jusqu'aux deux tiers, rétrécies ensuite, obtusément tronquées ou obtusément subarrondies chacune à l'extrémité; à rebord latéral formant à peine, du sixième aux quatre septièmes, une gouttière très-étroite; à stries assez légères, cependant toutes distinctes : les voisines de la suture plus marquées, surtout postérieurement : les cinquième et sixième, ordinairement plus courtes: ces stries imponctuées ou peu distinctement ponctuées. *Intervalles* finement pointillés; presque plans; garnis de poils obscurs, fins et couchés. *Repli* presque perpendiculaire. *Dessous du corps* et *pieds noirs*. *Prosternum* rétréci d'avant en arrière, très-comprimé entre les hanches, moins élevé qu'elles, peu distinct dans la seconde moitié de celles-ci. *Ongles* d'un rouge testacé.

Obs. Cette espèce se distingue de toutes les espèces suivantes par la base de son prothorax tronquée en ligne droite, non courbée en arrière sur les angles huméraux des étuis.

2. P. nigrita; Fabricius.

Podonta nigrita, Muls. Hist. Nat. des Coléopt. de F. (Pectinipèdes) p. 67.

Obs. Peut-être faut-il rattacher à cette espèce la :

Cistela oblonga, OLIVIER, Encycl. meth. t. 6. p. 6. n. 19. — *Id.* Entom. t. 9. n. 54. p. 13. 19 pl. 2, fig. 20. (suivant l'exemplaire typique).—SCHOENHER, Syn. insect. t. 2. p. 338. 37.

Cistela nigrita, BRULLÉ, Expéd. sc. de Morée, p. 226. 390.

Long. 0,0095 à 0,0100 (4 1/4 à 4 1/2). Larg. 0,0033 (1 1/2).

L'exemplaire typique existant dans la collection de M. Chevrolat, a passé sous mes yeux. Cet exemplaire indiqué par Olivier comme originaire d'Italie, ainsi que divers autres individus provenant des iles Ioniennes, de la Grèce, de la Syrie et de la Perse, se distinguent des exemplaires ordinaires de la *nigrita* par une taille ordinairement moins faible, par un corps proportionnellement plus étroit; par sa tête sans fossette sur le front; par ses élytres à stries ordinairement affaiblies ou moins distinctes sur le tiers externe au moins; par le prosternum presque réduit à une tranche à partir de la moitié de la longueur de celles-ci au lieu d'être graduellement rétréci jusqu'à leur extrémité; mais ces caractères sont si faibles et parfois si inconstants, qu'il est difficile de décider si les *P. nigrita* et *oblonga* doivent constituer deux espèces distinctes. Pour augmenter les incertitudes, le prothorax est parfois peu courbé en arrière sur les angles des élytres chez quelques individus. Les élytres sont quelquefois sans stries bien marquées ou même distinctes sur leur moitié ou leur tiers externe, tandis qu'elles ont, chez la plupart des autres exemplaires, des stries au moins apparentes sur toute leur surface. De nouvelles observations faites sur une plus grande échelle sont donc nécessaires pour élucider cette question.

Les caractères sexuels du ♂ de l'*oblonga* sont les mêmes que chez la *nigrita* et présentent les mêmes anomalies. Ordinairement le dernier article des tarses antérieurs du ♂ est arqué longitudinalement et anguleux près de l'extrémité de son côté antérieur ou interne; d'autres fois il est peu arqué et simplement et graduellement un peu élargi vers cette extrémité.

3. P. Aubei.

Oblong ; médiocrement convexe ; très-noir ; brillant ; subaspérément ou squammuleusement et assez finement ponctué ; garni en dessus de poils très-courts, fins et peu épais. Prothorax bissinué en devant, déprimé derrière les yeux, avec la partie médiaire arquée et plus avancée que les angles ; élargi jusqu'aux angles postérieurs, plus faiblement dans sa seconde moitié ; à peine bissinué à la base, avec les angles courbés en arrière. Elytres obtusément subarrondies chacune à l'extrémité ; offrant seulement près de la suture trois stries, plus distinctes dans leur seconde moitié. Prosternum réduit à une tranche à partir de la moitié des hanches, un peu moins élevé qu'elles.

Long. 0,0067 à 0,0078 (3 à 3 1/2 l.) Larg. 0,0028 (1 1/4 l.) ♂ 0,0033 (1 1/2 l.) ♀.

♂ Dernier article des tarses antérieurs échancré à son côté antérieur ou interne, anguleux près de la base, offrant près de celle-ci et non près de l'extrémité sa plus grande largeur. Sixième arceau ventral entaillé à son extrémité ; creusé de deux sillons longitudinaux séparés par une carène médiaire.

♀ Dernier article des tarses antérieurs sans échancrure. Sixième arceau ventral régulier, c'est-à-dire rétréci d'avant en arrière, obtusément arrondi à son extrémité ; convexe.

Patrie : l'orient (collect. Aubé, Chevrolat).

Obs. Cette espèce a beaucoup d'analogie avec la *P. nigrita.* Elle s'en distingue par sa taille plus faible ; par sa ponctuation moins fine, moins rapprochée, plus squammuleuse ; par les poils du dessus de son corps conséquemment moins serrés, plus courts, moins apparents. Par son prothorax bissinué en devant, c'est-à-dire déprimé et plus sensiblement sinué derrière chaque œil, avec la partie comprise entre chacune de ces sinuosités paraissant arquée en devant et un peu plus avancée que les angles ; faiblement bissinué à la base ; faiblement garni de poils ou paraissant presque glabre. Par ses élytres sans stries distinctes sur leurs deux tiers externes jusqu'à la strie marginale ; peu garnies de poils ; brillantes. Par son prosternum rétréci d'avant en arrière jusqu'à la moitié des hanches, réduit à une tranche et souvent peu distinct à partir de cette moitié ; un peu moins élevé que les dites hanches.

J'ai dédié cette espèce à M. Aubé, dont le nom est si glorieusement inscrit dans les fastes entomologiques. Puisse cet hommage lui témoigner de ma gratitude pour ses bienveillantes communications !

4. P. alpina.

Oblong ou suballongé ; médiocrement convexe ; très-noir ; peu luisant. Prothorax près d'une fois plus large à la base qu'il est long sur son milieu ; assez faiblement courbé en arrière aux angles postérieurs ; glabre ; assez finement ponctué ; offrant de faibles traces d'une ligne médiaire. Elytres un peu plus larges en devant que le prothorax à sa base ; garnies de poils courts et mi-couchés ; subarrondies, prises ensemble, à l'extrémité ; à stries ponctuées toutes distinctes. Intervalles rugueusement ponctués. Prosternum comprimé, séparant les hanches.

Cistela alpina. (KINDERMANN), D. de MARSEUL, in collect.

Long. 0,0090 (4 l.). Larg. 0,0035 (1 3/8 l.).

Corps oblong ou suballongé ; médiocrement ou peu fortement convexe ; entièrement noir : ongles d'un rouge testacé. *Tête* couverte de points serrés, médiocres sur sa partie antérieure, plus fins depuis la moitié du front jusqu'à sa partie postérieure ; notée d'une fossette sur le milieu de celui-là ; à peu près glabre. *Antennes* prolongées jusqu'aux trois cinquièmes ou aux deux tiers des côtés du corps ; un peu plus épaisses sur leur seconde moitié. *Prothorax* obtusément tronqué en devant, élargi en ligne courbe jusqu'aux deux cinquièmes ou à la moitié de ses côtés, subparallèle ensuite, paraissant presque en demi-cercle élargi ; tronqué à la base, avec les angles postérieurs assez faiblement courbés en arrière sur ceux des élytres ; tranchant et presque sans rebord sur les côtés ; muni à sa base d'un rebord très-étroit, plus indistinct près des angles ; glabre ; densement et ruguleusement ponctué ; offrant les traces d'une ligne longitudinale médiaire en partie lisse. *Elytres* faiblement plus larges en devant que le prothorax à sa base ; une fois plus longues qu'elles sont larges dans leur milieu ; subarrondies, prises ensemble, à leur extrémité ; à stries ponctuées, toutes distinctes. *Intervalles* marqués de points médiocres, ruguleux, donnant chacun naissance à un poil noir, court, mi-couché, peu apparent. *Repli* sensiblement tourné en dehors. *Prosternum* comprimé ; séparant les hanches ; aussi élevé qu'elles ; à peine prolongé jusqu'à leur extrémité.

Patrie : l'Europe orientale (collect. de Marseul).

Obs. Cette espèce s'éloigne des précédentes par ses antennes plus longues ; par son corps proportionnellement moins étroit ; par son prothorax plus large, sans dépression derrière les yeux ; moins déclive aux angles de devant ; moins finement ponctué ; glabre. Par ses élytres subarrondies, prises ensemble, à l'extrémité, au lieu d'être obtuses ou obtusément arrondies chacune ; à stries distinctes ; à intervalles moins finement ponctués.

Genre *Cteniopus*, Solier.

Caractères. *Antennes* à peu près filiformes ; à troisième article à peine plus grand que le quatrième ; plus longuement prolongées que la moitié du corps. *Dernier article des palpes maxillaires* très-obliquement coupé à son extrémité ; offrant son côté antéro-interne de trois quarts au moins aussi grand que le postéro-interne. *Prothorax* ordinairement plus rapproché de la forme du parallélipipède que du demi-cercle ; souvent plus étroit à sa base que les élytres à leur partie antérieure ; non courbé en arrière sur les angles huméraux de celles-ci.

A ce genre se rapportent les espèces suivantes :

A. Prothorax plus étroit à la base que les étuis à leur partie antérieure. Elytres jaunes.

B. Hanches antérieures très-visiblement séparées par le prosternum.

Altaicus.

Luteus.

BB. Hanches antérieures presque contiguës. Prosternum très-comprimé, réduit à une tranche, souvent peu distincte sur une partie de sa longueur.

Sulfureus.

Pallidus.

AA. Prothorax presque aussi large à sa base que les étuis à leur partie antérieure. Elytres noires.

Sulfuripes.

1. C. altaicus ; Gebler.

Suballongé, jaunâtre ou flave : antennes et genoux, noirs. Elytres garnies de poils concolores, très-fins; à stries ponctuées très-distinctes. Intervalles pointillés. Hanches de devant très-visiblement séparées par le prosternum.

♂ Sixième arceau ventral profondément échancré, avec les côtés externes de cette échancrure prolongés chacun en un appendice corniforme, pubescent.

Cistela altaica, Gebler, Ledebours Reise in das Altaigebirg, 2e partie, 3e division, p. 128. — *Id*, Verzeichnis der in Kolywano-Woskressenkischen, Huttenbezirk Sud-west Sibiriens boobachteten Kaefer, p. 196. — Dejean, Catal. (1833), p. 214. — *Id*. (1837), 235.

Long. 0,0090 à 0,0200 (4 à 4 1/2 l.). Larg. 0,0033 (1 1/2 l.).

Patrie : les monts Altaï (coll. Reiche).

Obs. Les antennes, moins ordinairement le premier article, les yeux, le dernier article au moins des palpes maxillaires et les genoux sont noirs : la tête, le prothorax, le dessous du corps et les pieds sont jaunes ou d'un jaune flave : les élytres sont généralement plus pâles.

2. **C. luteus** ; (Dejean), Kuster.

Suballongé. Prothorax, élytres et cuisses, moins les genoux, jaunes : tout le reste, noir. Elytres garnies de poils obscurs ; à stries ponctuées : intervalles ponctués. Hanches antérieures distinctement séparées par le prosternum.

♂ et ♀. Caractères analogues à ceux du *C. sulphureus.*

Cistela lutea (Dejean). Catal. (1833), p. 214 — *Id.* (1837), p. 235. — Kuster, Kaef. Europ. 12, 82.

Long. 0,0090 à 0,0100 (4 à 4 1/2 l.). Larg. 0,0030 à 0,0039 (1 1/3 à 1 1/2 l.)

Patrie : la Sicile, l'Espagne méridionale (collect. Aubé, Reiche).

Obs. Cette espèce s'éloigne du *C. sulfureus*, avec lequel elle a beaucoup d'analogie, par le deuxième article des antennes proportionnellement plus court; par ses élytres à stries toutes très-distinctes, assez prononcées et visiblement ponctuées ; par ses intervalles moins finement ponctués, moins plans postérieurement, garnis de poils obscurs, au lieu d'être concolores ; par ses hanches de devant très-distinctement séparées par le prosternum. Les cuisses sont brusquement noires vers les cinq sixièmes de leur longueur.

La couleur jaune passe quelquefois au jaune testacé ou nankin.

3. **C. sulfureus** ; Fabr.

Cteniopus sulfureus, Muls. Hist. nat. des Col. de Fr. (*Pectinipèdes*), p. 70.

4. **C. pallidus** ; Kuster.

Suballongé ; presque glabre ; garni de poils très-courts et presque indistincts; d'un flave pâle ou d'un flave nankin : dernier article des palpes ordinairement noir à son extrémité. Prothorax plus étroit que les élytres à sa base, creusé de trois grosses fossettes basilaires. Elytres offrant près de la suture deux ou trois stries légères, à stries souvent peu distinctes sur le reste

par ses élytres obtuses ou obtusément arrondies chacune à l'extrémité ; par son prosternum plus indistinct entre les hanches.

Par la largeur de son prothorax, par ses élytres obtuses ou obtusément arrondies chacune à l'extrémité, par sa couleur, elle semble se rapprocher des espèces du genre *Podonta*.

Genre *Heliotaurus*, Mulsant [1].

Dans mon histoire naturelle des Coléoptères de France, j'ai cherché à diviser les Omophliens par des caractères plus constants et plus faciles à saisir qu'on ne l'avait fait jusqu'alors. J'ai indiqué les ressources qu'offre le repli des élytres pour séparer les Omophles des auteurs en deux genres, dont les limites paraissent assez nettement tracées. Chez les Héliotaures, ce repli se prolonge presque jusqu'à l'angle sutural, ou du moins jusqu'à la partie postéro-externe voisine de l'extrémité des élytres; et quelquefois il a une telle tendance à se tourner en dehors, que son bord interne semble être le bord marginal des étuis, et que l'espace compris entre ses deux bords paraît constituer, au moins dans la seconde moitié, un intervalle des élytres. Chez les Omophles au contraire, ce même espace se replie en dedans sur la majeure partie de la longueur du repli, en sorte que ce dernier est réduit à une tranche, quelquefois à partir du niveau de l'extrémité du postépisternum ou du bord antérieur des hanches des pieds de derrière, dans tous les cas, à partir de l'extrémité du premier arceau ventral, ou à peu près. Au genre *Heliotaurus* se rapportent les espèces suivantes. Chez toutes, les hanches antérieures ne sont pas visiblement séparées par le prosternum.

---

[1] Hist. nat. des Coléopt. de Fr. (*Pectinipèdes*), p. 73.

Le tableau ci joint facilitera leur détermination.

A. Elytres garnies de poils.
 B. Elytres brièvement pubescentes. Ventre entièrement rouge ou d'une teinte rapprochée.
  C. Prothorax rouge ou d'une teinte rapprochée.
   Nigripennis.
  CC. Prothorax noir.
   D. Cuisses noires.
    Abdominalis.
    Ovalis.
    Anceps.
   DD. Cuisses rouges.
    Rufiventris.
 BB Elytres hérissées de longs poils.
  E. Prothorax et ventre rouges ou d'une teinte rapprochée.
   Erythrogaster.
  EE. Prothorax et ventre de couleur foncée.
   Cœruleus.
AA. Elytres glabres.
 F. Prothorax rouge.
  G. Ventre entièrement rouge ou d'une teinte rapprochée.
   Perroudi.
  GG. Ventre au moins en grande partie obscur.
   H. Extrémité du ventre rouge.
    Distinctus.
   HH Ventre entièrement noir.
    Ruficollis.
 FF. Prothorax noir ou d'une couleur obscure.
   Angusticollis.
   Reichii.

1. H. nigripennis; Fabricius.

Suballongé ; peu convexe ; brièvement pubescent ; roux ou d'un rouge roux testacé, au moins sur le prothorax, l'abdomen, les cuisses et les ongles. Elytres soit entièrement d'un noir brûlé, soit brunes, avec les bords d'un rouge roux ; à stries ponctuées. Intervalles squammuleusement ponctués.

Long. 0,0100 à 0,0112 (4 1/2 à 5 l.). Larg. 0,0039 à 0,0045 (1 3/4 à 2 l.).

Etat normal. *Tête*, antennes, élytres, médi et postpectus,

tarses et majeure partie des tibias, noirs : prothorax, antépectus, ventre, cuisses, et ongles d'un roux rouge.

Obs. Les palpes maxillaires sont tantôt noirs, tantôt avec l'extrémité des deuxième et troisième articles d'un rouge testacé.

Cistela nigripennis, Fabricius, Entomol. Syst. t. 1. 2. p. 44. 11. — *Id.* Syst. Eleuth. tom. 2. p. 18. 9.
Megischia nigripennis, Lucas, Explor. scient. de l'Algérie, p. 359. 956. pl. 31. fig. 11.

Variations (par défaut).

Obs. Quand la matière colorante noire a plus ou moins fait défaut, la tête, la moitié antérieure des antennes, l'écusson, tout le dessous du corps et les pieds passent parfois au roux rouge. Les élytres deviennent brunes ou d'un brun rougeâtre, avec le bord externe, la base et parfois une partie variable de la suture, surtout vers l'extrémité, d'un rouge testacé ou d'un rouge roux testacé. On trouve toutes les transitions entre les variétés extrêmes.

Megischia (Podonta) erythrocephala, Solier, Prodrome, etc. *in* Annales de la Soc. Entom. de Fr. t. 4. p. 248. — Lucas, Explor. scient. de l'Algérie, p. 359. 957. pl. 31. fig. 12.

♂ Ongles des pieds antérieurs épais, renflés dans leur milieu, parfois munis d'une dent vers le milieu du côté extérieur de la branche externe. Dernier arceau ventral échancré à l'extrémité ; souvent longitudinalement creusé de deux sillons assez faibles, séparés par une carène médiaire légère.

♀ Ongles des pieds extérieurs plus grêles; à branche externe sans dent vers le milieu de son côté extérieur. Sixième arceau ventral en ogive ; fendu longitudinalement dans son milieu, à son extrémité.

Corps allongé ou suballongé ; peu convexe ; brièvement pubescent. *Tête* assez finement et peu densement ponctuée. *Antennes* moins longuement prolongées que la moitié du corps; comprimées et élargies à partir du septième jusqu'au dixième article. *Prothorax* tronqué en devant; tronqué ou à peine bissinué à la base; élargi en ligne courbe jusqu'à la moitié ou aux trois quarts, émoussé ou subarrondi aux angles postérieurs; près de moitié plus large à la base, qu'il est long sur son milieu; presque sans rebord. *Elytres* presque parallèles jusqu'aux deux tiers; à *repli* invisible en dessus à l'épaule; graduellement un peu élargi en gouttière vers le tiers de la longueur; à stries ponctuées bien marquées. *Postépisternum* parallèles; quatre fois environ aussi longs qu'ils sont larges.

Patrie : l'Algérie (collect. Aubé, Chevrolat, Godart, de Marseul, Reiche).

2. **H. abdominalis**; DE CASTELNAU.

Allongé; subparallèle; médiocrement convexe; brièvement pubescent; noir, avec l'abdomen et les ongles, d'un rouge fauve ou d'un rouge jaune. Prothorax élargi en ligne courbe jusqu'aux deux cinquièmes ou un peu plus, faiblement rétréci ou subparallèle ensuite, subarrondi aux angles postérieurs. Elytres à stries ponctuées. Intervalles squammuleusement pointillés : le marginal, à peine en gouttière étroite vers le tiers de sa longueur, aplani et un peu élargi vers l'extrémité.

Long. 0,0112 à 0,0123 (5 à 5 1/2 l.). Larg. 0,0045 (2 l.).

♂ Dernier article des tarses antérieurs renflé. Branche externe des ongles des mêmes pieds, armée extérieurement d'une dent; renflée dans le milieu de son peigne : branche interne grêle et inerme. Sixième arceau ventral et extrémité du cinquième profondément concaves : le sixième divisé longitudinalement dans sa moitié postérieure, en deux feuillets arrondis chacun et ciliés, à l'extrémité : ces feuillets débordés par le pygidium qui forme en dessous un septième arceau visible.

♀ Ongles des pieds antérieurs plus grêles : branche externe inerme à son côté extérieur. Sixième arceau ventral entier, convexe. Septième arceau invisible.

Omophlus abdominalis (Dejean), Catal. (1833). p. 213. — *Id.* (1837). p. 235. — de Castelnau, Hist. Nat. t. 2. p. 247. 7. — Kuster, Kaef. Europ. 20. 68.

Patrie : l'Algérie (collect. Chevrolat, Godart).

Obs. Le dessus du corps est brièvement garni de poils noirs, couchés. Les antennes, les palpes, la tête, le prothorax, les élytres, la poitrine et les pieds sont d'un noir peu luisant. La tête et le prothorax sont ponctués : celui-ci à peine rebordé ; à angles postérieurs subarrondis et ouverts. Le prosternum ne se prolonge pas entre les hanches. Le repli est sensiblement tourné en dehors, au moins dans sa première moitié.

3. **H. ovalis** ; de Castelnau.

Suballongé ; subovalaire ; médiocrement convexe ; brièvement pubescent ; noir, avec l'abdomen et les ongles d'un rouge fauve ou d'un rouge jaune. Prothorax élargi en ligne courbe jusqu'au tiers, puis en ligne droite jusqu'à l'extrémité ; à angles postérieurs vifs et un peu aigus. Elytres à stries ponctuées. Intervalles squammuleusement pointillés : le marginal élargi depuis un peu après les épaules jusqu'à la moitié, en une gouttière plus large vers le tiers de sa longueur, déclive et plus étroit vers l'extrémité.

Long. 0,0112 à 123 (5 à 5 1/2 l.). Larg. 0,0045 à 0,0050 (2 à 2 1/4 l.) vers le milieu des élytres.

♂ Dernier article des tarses antérieurs dilaté. Branche externe des mêmes ongles plus épaisse et plus longue que l'interne. Sixième arceau ventral échancré à sa partie postérieure ; longitudinalement creusé d'une large gouttière un peu ovalairement évasée d'avant en arrière, avec les bords latéraux de cette gouttière tranchants, déclives en ligne courbe et ciliés à leur extrémité.

♀ Dernier article des tarses antérieurs non dilatés. Branches des ongles des mêmes tarses, égales et grêles. Sixième arceau ventral rétréci d'avant en arrière, obtus ou obtusément tronqué à son extrémité; convexe. Septième arceau parfois en partie visible.

Omophlus ovalis, de Castel. Hist. Nat. t. 2. p. 247. 8.—Lucas, Expl. sc. de l'Algérie, p. 356. 950.

Patrie : l'Algérie (collect. Aubé, Chevrolat, Godart, de Marseul).

Obs. Cette espèce à beaucoup d'analogie avec l'*H. abdominalis* et elle est confondue avec ce dernier par divers entomologistes. Elle s'en distingue par son prothorax élargi d'avant en arrière jusqu'aux angles postérieurs, d'abord en ligne courbe jusqu'au tiers de sa longueur, puis un peu plus faiblement et en ligne droite sur ses deux tiers postérieurs; à angles de derrière assez vifs au lieu d'être subarrondis, et un peu aigus, au lieu d'être un peu ouverts; à bord postérieur un peu arqué en arrière, au lieu d'être en ligne droite. Par ses élytres un peu ovalaires ou élargies vers leur milieu, au lieu d'être subparallèles; à intervalle marginal formant dans sa première moitié une gouttière commençant un peu après les épaules et aussi large vers le tiers de sa longueur que l'intervalle voisin; rétréci et déclive vers l'extrémité.

Les ♂ des deux espèces offrent entre eux des différences faciles à saisir.

4. H. anceps.

Suballongé; très-médiocrement convexe; brièvement pubescent; noir, avec le ventre d'un rouge jaune. Elytres à stries ponctuées très-apparentes. Intervalles squammuleusement et finement ponctués.

Long. 0,0090 à 0,0100 (4 à 4 1/2 l.). Larg. 0,0029 à 0,0033 (1 2/5 à 1 1/2 l.)

♂ Ongles dilatés dans leur milieu. Sixième arceau ventral légèrement échancré dans le milieu de son bord postérieur.

♂ Inconnue.

Patrie : Tanger (collect. Reiche).

Obs. L'exemplaire unique qu'il m'a été donné d'examiner diffère de l'*H. rufiventris* par ses pieds entièrement noirs ; mais il a d'ailleurs tant d'analogie avec cette espèce, que peut-être n'en est-il qu'une variété ou l'un des sexes.

5. **H. rufiventris** ; Waltl.

Allongé ; très-médiocrement convexe ; brièvement pubescent ; noir, avec le ventre et les cuisses de tous les pieds, d'un roux jaune. Elytres à stries ponctuées, très-apparentes. Intervalles squammuleusement et finement ponctués.

Long. 0,0090 à 0,0100 (4 à 4 1/2 l.). Larg. 0,0029 à 0,0033 (1 2/5 à 1 1/2 l.).

♂ Je ne l'ai pas vu.

♀ Ongles des pieds antérieurs sans dent au côté externe de leur branche extérieure. Sixième arceau ventral de forme normale, c'est-à-dire rétréci d'avant en arrière, convexe, entier, émoussé à l'extrémité.

Cistela rufiventris, Waltl, Reise Nach. Span. 2. p. 75. — Silbermann, Rev. Entomol. t. 4. p. 155.

Omophlus rufiventris (Dej.). Catal. (1833). p. 213. — *Id.* (1837). p. 235. — Kust. Kaef. Europ. 20. 67.

Patrie : l'Espagne (collect. Chevrolat, Reiche).

Obs. Cette espèce a tout le corps noir, mat ou peu luisant ; le ventre et les cuisses d'un roux-jaune; la tête et le prothorax ponctués : ce dernier à peu près tronqué à la base ; sans sillon longitudinal médiaire en dessus ; à peine rebordé. Repli horizontal.

6. **H. erythrogaster** ; Lucas.

Allongé ; très-médiocrement convexe ; noir : prothorax, antépectus, abdomen et ongles d'un rouge jaune : élytres d'un bleu vert foncé, hé-

rissées de poils noirs ; à stries ponctuées, moins distinctes sur les côtés. Intervalles ponctués. Prothorax garni de poils peu apparents.

Long. 0,0100 à 0,0123 (4 1/2 à 5 5 1/2 l.). Larg. 0,0029 à 0,0045 (1 1/5 à 2 l.).

♂ Ongles des pieds de devant un peu renflés vers le milieu de leur peigne; sans dent au côté extérieur de leur branche externe. Sixième arceau ventral peu profondément échancré à l'extrémité; sillonné de chaque côté de la ligne médiane qui est relevée en carène.

♀ Ongles des pieds de devant grêles. Sixième arceau ventral normal, entier.

Cistela testacea, DE CASTELN. Hist. Nat. t. 2. p. 216. 5.

Omophlus erythrogaster, LUCAS, Explor. scient. de l'Algérie, p. 358. 954. pl. 31. fig. 10.

Patrie : l'Algérie (collect. Aubé, Chevrolat, Godart, de Marseul, Reiche).

Tête, *antennes*, *dessous du corps* et *pieds* noirs : la tête hérissée de poils noirs ou obscurs. *Prothorax* d'un rouge jaune ou jaunâtre ; garni de poils nébuleux, fins, mi-couchés, peu apparents. *Repli* des élytres un peu tourné en dehors..

7. H. cœruleus.

Oblong ou suballongé ; médiocrement convexe ; hérissé de poils; noir; élytres d'un bleu verdâtre foncé ou d'un bleu noir ; à stries ponctuées ; intervalles fortement ponctués. Prothorax d'un tiers au moins plus large que long. Hanches antérieures ordinairement terminées en pointe.

Long. 0,0090 à 0,0123 (4 à 5 1/2 l.). Larg. 0,0033 à 0,0045 (1 1/2 à 2 l.).

♂ Menton armé d'une corne perpendiculaire ordinairement assez longue, parfois rudimentaire. Ongles des pieds antérieurs habituellement arqués ; à peignes épaissis et renflés ; à branche externe souvent munie d'une dent à la base de son côté extérieur. Sixième arceau ventral entaillé ou échancré à son bord postérieur;

creusé à partir de son bord antérieur d'une concavité ovalaire : bords de cette concavité tranchants ; chacun des lobes postérieurs cilié, subarrondi, ou en angle un peu aigu.

♀ Menton inerme. Ongles des pieds antérieurs grêles,inermes. Sixième arceau ventral de forme régulière, c'est-à-dire rétréci d'avant en arrière et convexe.

Cistela cœruleus, FABR. Mantiss. Ins. t. 1. p. 85. 10.
Cistela cœrulea, FABR. Entom. Syst. t. 1. 2. p. 43. 10. — *Id.* Syst. Eleuth. t. 2. p. 18. 8. — LATR. Hist. nat. t. 11. p. 20. 4. — COQUEB. Illustr. t. 3. p. 127. pl. 29. 3. — SCHONH. Syn. Ins. t. 2. p. 334. 7. — De CASTELN. Hist. nat. t. 2. p. 246. 8.
Cryptocephalus (*Cistela*) *cœrulescens*, GMEL. C. LINN. Syst. nat. t. 1. p. 1714. 100.
Cistela cœrulescens, OLIV. Encycl. méth. t. 6. p. 11. 6.—*Id.* Entom. t. 3. n. 54. p. 12. 17. pl. 2. fig. 18. a, b.
Omophlus cœruleus, DEJ. Catal. (1833) p. 213. — *Id.* (1837) p. 235. — LUCAS, Explor. scient. de l'Algérie, p. 357. 952. — KUSTER, Kæf. Europ. 13. 67.

PATRIE : l'Algérie (collect. Aubé, Chevrolat, Godart, de Marseul, Perroud, Reiche).

Tête, *antennes*, *palpes*, *prothorax*, *dessous du corps* et *pieds* ordinairement noirs. *Elytres* d'un bleu vert, d'un bleu violâtre ou d'un bleu noir ; hérissées de poils noirs ; ongles rouges. *Antennes* prolongées au moins jusqu'à la moitié de la longueur du corps (♀) ou plus longuement que cette moitié (♂). *Prothorax* subarrondi et déclive aux angles de devant, subparallèle ou peu arqué sur les côtés, émoussé aux angles postérieurs ; tronqué à la base ; muni d'un rebord très étroit ; légèrement déprimé ou moins déclive près des bords latéraux ; assez finement ponctué ; plus parcimonieusement et plus brièvement hérissé de poils que les étuis. *Elytres* à stries très-prononcées. *Intervalles* fortement ponctués. *Repli* sensiblement tourné en dehors.

OBS. Le dessous du corps, les pieds, et plus rarement le prothorax, au lieu d'être noirs, ont une teinte de noir bleu ou de bleu verdâtre plus ou moins apparente. Les hanches antérieures sont habituellement terminées en pointe , mais chez divers exemplaires, ce caractère s'efface, et elles se montrent obtuses. Le ♂ a généralement le menton armé d'une corne droite, perpendiculaire, qui n'a pas été signalée, quoiqu'elle soit très-apparente ; cependant cette partie saillante est parfois nulle ou rudimentaire. En général, la concavité du sixième arceau est d'autant plus profonde que la corne du menton est plus développée. Les ongles des pieds antérieurs du même sexe offrent aussi des variations singulières ; ordinairement crochus et munis d'une petite dent à la base du côté externe de la branche interne ou antérieure : cette dent est parfois indistincte, et les ongles sont à peine arqués ; mais leur épaisseur ou la dilatation de leur peigne dans son milieu, les distinguent toujours de ceux de la ♀.

8. **H. Perroudi.**

Suballongé ; médiocrement convexe ; glabre et luisant en dessus. Tête, antennes et poitrine, moins les côtés de l'antépectus, noirs : prothorax, côtés de l'antépectus, ventre et pieds, d'un rouge ferrugineux ou testacé: élytres d'un vert bleu ou d'un bleu vert, à stries ponctuées. Intervalles finement ponctués.

Long. 0,0123 (5 1/2 l.). Larg. 0,0033 à 0,0036 (1 1/2 à 1 2/3 l.).

Patrie : l'Algérie (collect. Perroud).

Je l'ai dédié à mon savant ami M. Perroud.

Obs. Elle se distingue des espèces précédentes par ses élytres glabres ; des suivantes par son ventre et ses pieds rouges.

La poitrine est garnie de poils. Les tarses sont quelquefois en partie obcurs.

9. **H. distinctus** ; de Castelnau.

Suballongé ; convexe ou médiocrement convexe ; glabre, en dessus ; noir : prothorax, anus, ordinairement partie au moins des pieds antérieurs et ongles, d'un rouge jaune. Elytres d'un noir vert ou d'un noir bleu ; à stries ponctuées. Intervalles ponctués.

Long. 0,0078 à 0,0112 (3 1/2 à 5 l.). Larg. 0,0029 à 0,0045 (1 2/5 à 2 l.).

♂ Branche externe des ongles des pieds de devant, munie à la base de son côté extérieur d'une dent prolongée jusqu'à la moitié de sa longueur. Sixième arceau ventral tronqué ou à peine échancré à son extrémité ; creusé presque sur toute sa largeur d'une concavité en demi-cercle vers son bord antérieur, offrant souvent une faible carène sur la partie postérieure de sa ligne médiane.

♀ Branche externe des ongles de devant, inerme. Sixième arceau ventral inerme.

Omophlus Buquetii (Dej.), Catal. (1833), p. 213. — *Id.* (1837). p. 235.
Cistela distincta, de Casteln. Hist. Nat. t. 2. p. 246. 7.
Omophlus distinctus, Lucas, Explor. scient. de l'Algerie, p. 358. 953.

Etat normal. Tête, antennes, palpes, dessous du corps, moins l'anus, quatre pieds antérieurs et dessous de la page inférieure des cuisses, noirs : base de la partie antérieure ou supérieure des cuisses noirâtres. Prothorax, antépectus, deux tiers du côté antérieur des cuisses de devant, jambes et tarses des mêmes pieds, tous les ongles et anus, d'un rouge jaune ou d'une teinte rapprochée.

Variations.

Obs. Quand la matière noire a été moins abondante, l'extrémité des cuisses intermédiaires et postérieures, les jambes et tarses des mêmes pieds, parfois la presque totalité des deux pages des cuisses de devant, et le labre sont d'un rouge jaune.

Quand, au contraire la matière noire surabonde, les pieds antérieurs sont entièrement noirs ou en partie d'un noir roussâtre.

La couleur rouge de l'anus est parfois réduite au sixième arceau, et se montre même quelquefois tachée de nébuleux ; d'autres fois le bord postérieur du cinquième arceau est également rouge jaune. Les élytres varient du noir vert ou du noir bleu au vert noir ou au bleu noir. Leurs intervalles ordinairement presque plans, sont parfois un peu convexes; plus ou moins grossièrement ou finement ponctués. Malgré ces variations, cette espèce est très-facile à distinguer par son prothorax et son anus rouge jaune.

Patrie : l'Espagne, l'Algérie (collect. Aubé, Chevrolat, Godart, de Marseul, Reiche).

10. **H. ruficollis**; Fabricius.

Suballongé; médiocrement convexe; glabre et luisant, en dessus; noir. Prothorax et ongles d'un rouge pâle. Elytres d'un noir vert; à stries ponctuées, très-prononcées, surtout postérieurement : les premières affaiblies en devant. Intervalles subconvexes, parcimonieusement pointillés, crénelés par les pointes des stries.

Long. 0,0090 à 0,0112 (4 à 5 l.). Larg. 0,0035 à 0,0045 (1 1/2 à 2 l.).

♂ Dernier article des tarses antérieurs renflé. Branche externe des ongles des pieds de devant munie d'une dent à la base de son côté extérieur. Sixième arceau ventral échancré à son bord postérieur jusqu'à la moitié de sa longueur; profondément concave sur presque toute sa largeur, offrant les bords de cette concavité tranchants et déclives en ligne courbe postérieurement, arrondis chacun en ligne courbe à leur extrémité.

♀ Dernier article des tarses antérieurs non renflé. Ongles des mêmes tarses, grêles : l'externe, inerme à son côté extérieur. Sixième arceau ventral, rétréci d'avant en arrière, convexe.

Cistela ruficollis, Fabr. Spec. Ins. t. 1. p. 147. 7. — *Id.* Mant. t. 1. p. 85. 9. — *Id.* Entom. Syst. t. 1. 2. p. 43. 9. — *Id.* Syst. Eleuth. t. 2. p. 18. 7. — Oliv. Encycl meth. t. 6. p. 6. 8. — *Id.* Entomol. t. 3. n. 54 p. 6. 4. pl. 1. fig. 5 a. — Latr. Hist. Nat. t. 11. p. 20. 5. — Schonh. Syn. Ins. t. 2. p. 334. 6. — de Casteln. Hist. Nat. t. 2. p. 246. 6.

Cryptocephalus (*Cistela*) *rubricollis*, Gmel., C. Linn. Syst. Nat. t. 1. 1714. 99.

Omophlus ruficollis (Dej.), Catal. (1833). p. 213. — *Id.* (1837). p. 235. — Kuster. Kaef. Eur. 12. 81.

Megischia (*Podonta*) *ruficollis*, Solier, Annales de la Société. Entom. de Fr. t. 4. p. 248.

Antennes prolongées jusqu'à la moitié de la longueur (♀) ou un peu plus (♂); à articles septième à dixième presque cylindrique. *Tête* ponctuée. *Prothorax* élargi en ligne courbe jusqu'à la moitié, presque parallèle ou plus faiblement rétréci ensuite; émoussé ou subarrondi aux angles postérieurs; moins déclive près des bords latéraux; très-étroitement rebordé; souvent noté d'une faible fossette ou dépression près du milieu de la longueur de ses côtés et plus rarement d'une autre près de la ligne médiane; peu densement pointillé. *Elytres* noires, d'un noir vert ou verdâtre, parfois d'un noir bleuâtre; à dixième intervalle non en gouttière; à repli sensiblement tourné en dehors. *Dessous du corps* et *pieds* peu garnis de poils très-courts.

Obs. Dans les belles collections de M. Aubé et Reiche, se trouvent des Héliotaures ne différant du *ruficollis* que par leur prothorax noir. Ces individus, qui sembleraient devoir constituer une espèce particulière (*H. incertus*), ne sont vraisemblablement qu'une variation très-singulière de l'*H. ruficollis*. L'un de ces exemplaires offre même sur le prothorax des taches rouges, indices de la livrée normale de ce segment.

Patrie : l'Espagne méridionale.

11. H. angusticollis.

Suballongé; médiocrement convexe; glabre et luisant, en dessus; noir : élytres violettes, d'un bleu violet ou d'un bleu vert : ongles rouges. Prothorax d'un cinquième plus large à la base qu'il est long; finement ponctué. Elytres à stries en partie réduites à des rangées de points : les deuxième à quatrième plus voisines de la suture, apparentes : les autres peu marquées ou indistinctes. Intervalles assez fortement ponctués.

Long. 0,0090 à 0,0100 (4 à 4 1/2 l.). Larg. 0,0033 à 0,0039 (1 1/2 à 1 3/4 l.).

♂ Ongles des tarses de devant épais : la branche externe inerme à son côté extérieur. Sixième arceau ventral tronqué ou faiblement échancré à son extrémité ; un peu déprimé, rayé sur cette faible dépression de deux sillons longitudinaux, séparés par une légère arête médiaire.

♀ Ongles des pieds de devant grêles. Sixième arceau ventral normal.

Corps suballongé ; médiocrement convexe ; glabre et luisant, en dessus. *Tête* noire ; assez finement ponctuée ; creusée d'une fossette sur le milieu du front. *Palpes* noirs. *Antennes* noires ; prolongées environ jusqu'à la moitié de la longueur du corps ; un peu plus grosses dans leur seconde moitié ; à articles septième à dixième presque cylindriques. *Prothorax* tronqué en devant ; émoussé et déclive aux angles antérieurs ; élargi en ligne un peu courbe jusqu'au tiers environ, puis presque parallèle ou à peine élargi jusque près des angles postérieurs ; émoussé ou subarrondi à ces derniers ; tronqué à la base ; d'un cinquième environ plus large à celle-ci qu'il est long sur son milieu ; très-étroitement rebordé ; médiocrement convexe ; ordinairement déprimé près de la moitié de ses bords latéraux, assez finement ponctué ; noir ou d'un noir violâtre ou bleuâtre. *Ecusson* en triangle très-obtus ou subarrondi à son extrémité ; ponctué ; de la couleur des étuis. *Élytres* d'un quart environ plus larges en devant que le prothorax à sa base ; à bord marginal étroit ; médiocrement convexes ; un peu déprimées transversalement chacune sur leur tiers ou sur leur moitié interne, vers le septième de la longueur ; à stries ponctuées légères, en partie réduites à des rangées striales de points : les deux à quatre plus voisines de la suture, assez marquées : les autres plus légères et en partie peu distinctes : les première et deuxième ordinairement plus prononcées postérieurement : les trois premières, surtout la deuxième, plus profondes sur la dépression post-basilaire. *Intervalles* plans ; assez densement et assez fortement ponctués ; un peu ruguleux. *Repli* tourné sensiblement en dehors. *Dessous du corps* et *pieds*, noirs. *Ongles* rouges.

Patrie : l'Egypte (collect. Chevrolat, de Marseul).

12. H. Reichii.

Suballongé ; médiocrement convexe ; glabre et luisant, en dessus ; noir : ongles rouges. Prothorax élargi jusqu'au tiers, subparallèle ensuite ; d'un cinquième plus large à la base qu'il est long ; finement ponctué ; creusé d'un sillon naissant vers le milieu de chaque bord latéral et dirigé d'avant en arrière vers la suture. Elytres d'un quart plus larges en devant que le prothorax ; à stries très-marquées, formées de points qui ne les débordent pas. Intervalles plans, ponctués.

(Long. 0,0090 (2 l.). Larg. 0,0029 (1 2/5 l.).

♂ Inconnu.

♀ Ongles des pieds antérieurs grêles ; inermes au côté externe. Sixième arceau ventral régulier, rétréci d'avant en arrière, convexe.

Corps suballongé ; médiocrement convexe ; glabre et luisant, en dessus. *Tête* noire ; ponctuée ; creusée d'une fossette au milieu du front : mandibules rougeâtres près de l'extrémité. *Palpes* noirs. *Antennes* noires ; prolongées environ jusqu'à la moitié de la longueur du corps ; un peu plus grosses dans leur seconde moitié ; à articles sept à dix, presque cylindriques. *Prothorax* tronqué en devant ; déclive et émoussé aux angles de devant, qui, en raison de la déclivité, paraissent subarrondis ; élargi en ligne un peu courbe jusqu'au tiers de la longueur de ses côtés, subparallèle ensuite ; émoussé aux angles postérieurs ; tronqué à la base en ligne presque droite ou à peine trissinuée ; muni latéralement et à la base d'un rebord très-étroit ; d'un cinquième environ plus large à cette dernière qu'il est long sur son milieu ; noir ou d'un noir très-légèrement verdâtre, luisant ; finement et peu densement ponctué ; marqué, de chaque côté, d'un sillon ou d'une dépression, naissant vers le milieu du bord latéral, dirigé, en s'affaiblissant, d'une manière obliquement transverse, vers la suture qu'il n'atteint pas, vers les trois quarts ou quatre cinquièmes de la longueur ; déprimé ou brièvement sillonné à l'extrémité de la ligne médiaire. *Ecusson* noir ; pointillé ; subarrondi à son extrémité. *Elytres* d'un quart ou d'un tiers plus larges en devant que le prothorax à sa base ; subparallèles ou faiblement élargies jusqu'au deux tiers, rétrécies ensuite en ligne un peu courbe jusqu'à l'angle sutural ; rebordées, mais non en gouttière latéralement ; médiocrement convexes ; noires ou d'un noir très-légèrement verdâtre et luisant ; à stries uniformément très-marquées, ponctuées ou formées de points presque contigus, ne crénelant pas les intervalles : ceux-ci , plans, marqués de points médiocrement rapprochés (ordinairement un ou deux seulement sur la largeur de chaque intervalle). *Repli* tourné en dehors. *Dessous du corps* noir. *Pieds* noirs. *Ongles* rouges.

Patrie : L'Algérie (collect. Reiche).

J'ai dédié cette espèce à M. Reiche , l'un de nos entomologistes les plus distingués, comme un faible témoignage de ma reconnaissance pour ses bienveillantes communications, et d'admiration pour ses travaux.

Obs. Elle a beaucoup d'analogie pour la forme avec l'*H. angusticollis*, dont elle se distingue par son prothorax offrant de chaque côté un sillon obliquement transverse, qui semble former avec son pareil, un arc transversal dirigé en arrière et largement affaibli ou interrompu dans son milieu ; par ses élytres à stries uniformément très-apparentes ou très-marquées sur toute leur longueur ; par ses intervalles moins densement ponctués, lisses ou presque lisses entre les points.

Toutefois je n'ai vu qu'un individu ♀ de cette espèce.

Il faut probablement rapporter au même genre l'espèce suivante que je n'ai pas vue.

12. **H. maroccanus** ; Lucas.

Tête et prothorax d'un bleu violacé brillant : élytres d'un vert bleu : poitrine et cuisses, d'un noir bleu : ventre, jambes et tarses, d'un jaune rouge. Prothorax finement ponctué ; fortement rebordé sur les côtés ; marqué d'un sillon mi-transversal vers chaque angle postérieur. Elytres peu convexes ; assez profondément striées. Intervalles saillants, finement ponctués.

Long. 0,0123 (5 1/4 l.). Larg. 0,0050 (2 1/4 l.).

Omophlus maroccanus, Lucas, Explor. sc. de l'Algérie. p. 357. 951.

Patrie : L'Algérie, vers les frontières du Maroc.

Obs. Les antennes et l'écusson sont noirs.

Genre : *Omophlus*.

Divers entomologistes confondent souvent avec l'*O. curvipes*, (décrit dans l'Hist. nat. des coléopt. de Fr. (Pectinipèdes p. 75), ou du moins avec la ♀ de celui-ci, l'espèce suivante :

O. armillatus ; Brullé.

Allongé ; noir : deuxième et troisième articles au moins des palpes et des antennes et jambes antérieures au moins, d'un roux testacé livide. Elytres d'un jaune testacé. Tête et prothorax finement ponctués ; garnis de poils cendrés fins, très-courts et peu épais. Prothorax presque en parallélipipède, d'un tiers plus large qu'il est long ; relevé en rebord uniforme et très-étroit sur les côtés ; déprimé près du milieu de ceux-ci. Elytres garnies de poils concolores ; à neuf stries ponctuées, régulières et très-marquées. Intervalles presque plans, ruguleusement et finement ponctués. Prosternum séparant les hanches, moins élevé qu'elles, graduellement moins saillant postérieurement. Repli rétréci presque en tranche, mais offrant les deux bords distincts jusqu'à près de l'extrémité.

Long. 0,0135 (6 l.).

♂ Jambes droites. Sixième arceau ventral échancré en demi-cercle jusqu'au bord du cinquième arceau sur plus de la moitié de la largeur : ordinairement caréné dans le fond de cette échancrure : celle-ci offrant ses bords latéraux droits, terminés chacun en une pointe hérissée de poils roussâtres.

♀ M'est inconnue.

Cistela armillata, Brullé, Exped. scient. de Morée t. 9. première part. p. 225. 388. pl. 41. fig. 2.

Patrie : La Sicile, la Grèce.

Obs. Le prothorax est faiblement et assez régulièrement arqué sur les côtés ; offrant vers le milieu de ceux-ci sa plus grande largeur ; à peine plus large aux angles postérieurs qu'aux antérieurs. Les élytres sont parallèles jusqu'aux deux tiers (♂), rétrécies ensuite en ligne peu courbe, subarrondies chacune à l'angle sutural; creusées à la base au devant de la fossette humérale d'une dépression qui se prolonge en s'affaiblissant jusqu'à l'écusson.

Parfois tous les articles des palpes, les quatre premiers articles des antennes, l'extrémité des cuisses antérieures, toutes les jambes et les tarses sont d'un flave ou roux testacé, du moins chez le ♂.

Cette espèce est surtout remarquable par son repli, qui au lieu d'être réduit à une tranche à partir des hanches postérieures, se continue très étroit, mais avec des bords distincts, jusque près de l'extrémité. Elle se rapproche par là, de l'*O. curvipes*, dont elle diffère par son prosternum moins élevé que les hanches, non graduellement plus saillant d'avant en arrière ; par son prothorax plus large ; par ses élytres seulement à neuf stries, etc.

O. orientalis.

Suballongé ; noir : élytres d'un roux testacé. Prothorax en parallélipipède une fois environ plus large que long ; presque en ligne droite à son bord antérieur , à peine arqué sur les côtés ; relevé sur les côtés en un rebord graduellement un peu plus large dans son milieu; rayé de chaque côté de deux sillons transverses raccourcis vers la ligne médiane ; offrant parfois sur celle-ci les traces d'une ligne longitudinale ; rugueusement ponctué sur les côtés ; peu garni de poils. Elytres glabres ; sans fossette au milieu de leur base ; subruguleusement ponctuées ; à stries ponctuées : les six ou sept premières très-distinctes , mais affaiblies vers l'extrémité : la huitième indistincte ; offrant une gouttière assez étroite, depuis l'épaule jusque vers la moitié.

Long. 0,0090 à 0,0112 (4 à 5 l.). Larg. 0,0033 à 0,0045 (1 1/2 à 2 l.) à la base des élytres.

Corps suballongé ; médiocrement convexe. *Tête* noire , finement ponctuée ; hérissée de poils cendrés ou nébuleux , fins, clairsemés ou peu épais ; marquée d'une fossette légère sur le milieu du front , et d'une dépression plus sensible entre celle-ci et le côté interne de chaque œil ; sillonnée sur la suture frontale. *Palpes* noirs. *Antennes* prolongées jusques au-delà de la moitié du corps (♂) ; noires ; presque glabres. *Prothorax* en parallélipipède transversal , une fois environ plus large qu'il est long ; en ligne presque droite à ses bords antérieur et postérieur ; à peine élargi en ligne un peu courbe jusqu'à la moitié de ses côtés , subparallèle ou un peu rétréci en ligne droite , et dans ce cas paraissant légèrement arqué sur les côtés ou un peu anguleux dans le milieu de ceux-ci ; émoussé aux angles antérieurs et postérieurs ; à peine plus large à ceux-ci qu'à ceux de devant ; muni en devant et à la base d'un rebord très-étroit ; relevé de chaque côté en un rebord graduellement moins étroit dans son milieu, égal dans ce point au sixième ou au septième de la moitié de la largeur ; déprimé de chaque côté vers ses bords latéraux et d'une manière graduellement plus large vers la moitié de ceux-ci ; peu convexe, un peu inégal ; noir, finement ponctué sur le dos, ruguleusement dans chaque dépression latérale ; les petits points du dos séparés par des espaces lisses ; garni ou hérissé de poils cendrés très-clairsemés ; creusé de deux sillons transversaux interrompus dans leur milieu : l'un naissant vers les deux tiers ou un peu plus de la gouttière latérale, interrompu au moins sur son quart médiaire : l'autre moins apparent ou moins marqué, naissant vers le tiers environ de la fossette latérale, plus largement interrompu ; offrant quelquefois sur le milieu de sa longueur les traces d'une ligne médiane. *Ecusson* en triangle obtus ; noir ; pointillé ; presque glabre. *Elytres* d'un sixième ou d'un cinquième plus larges en devant que le prothorax à ses angles postérieurs ; quatre fois ou quatre fois et demie environ aussi longues que lui ; élargies en ligne subsinuée jusqu'aux trois cinquièmes de leur longueur, rétrécies ensuite, subarrondies chacune à l'extrémité, plus brièvement à l'angle sutural qu'au côté externe ; une fois plus longues qu'elles sont larges, prises ensemble ; offrant sur les côtés une gouttière assez étroite, naissant un peu après les épaules et prolongée jusqu'à la moitié de leur longueur, réduite à une légère strie postérieurement ; assez faiblement (♂) convexes ; à fossette humérale avancée jusqu'à la base ; sans dépression bien sensible sur le milieu de celle-ci ; d'un roux testacé ; glabres ; ruguleusement et finement ponctuées ; offrant, à partir de la suture, six ou sept stries assez finement ponctuées, plus légères ou peu distinctes vers l'extrémité. *Intervalles* plans : ordinairement presque égaux ou peu régulièrement inégaux ; espace compris entre la septième strie et la juxta-marginale, sans trace de strie, égal à environ trois autres intervalles. *Dessous du corps* et *pieds* noirs ; hérissés de poils fins et cendrés. *Prosternum* comprimé et indistinct entre les hanches ; moins élevé qu'elles ; prolongé jusqu'à l'extrémité de l'arceau.

Patrie : Les environs de Constantinople (collect. Wachanru) ; la Crimée (collect. Godart).

Obs. Cette espèce a beaucoup d'analogie avec l'*O. brevicollis* ; elle en diffère par sa taille ordinairement un peu plus petite ;

par ses antennes proportionnellement un peu plus longues ; par son prothorax à peu près en ligne droite à son bord antérieur, moins largement et moins uniformément relevé en rebord sur les côtés ; par ses élytres moins rugueuses, à stries mieux marquées et ordinairement distinctes, du moins les cinq premières, jusque près de l'extrémité.

O. scutellaris.

Suballongé ; noir : élytres d'un roux testacé. Prothorax en parallélipipède d'un cinquième ou d'un quart plus large que long ; presque en ligne droite sur tous ses côtés ; très-étroitement rebordé ; rayé de chaque côté de deux sillons transverses un peu divergents et raccourcis vers la ligne médiane ; rayé sur celle-ci d'un sillon affaibli en devant, plus marqué vers la base. Ecusson d'un roux testacé, à base obscure. Elytres presque glabres, peu garnies de poils ; ruguleusement ponctuées ; à neuf stries ponctuées et distinctes : rayées d'un sillon juxta-latéral depuis l'épaule jusqu'au cinquième de leur longueur.

Long. 0,0090 (4 l.) Larg. 0,0028 (1 1/4 l.) à la base des élytres.

Corps suballongé ; très-médiocrement convexe. *Tête* noire ; finement ponctuée ; presque glabre ; marquée d'une fossette légère sur le milieu du front, et d'une dépression assez faible entre celle-ci et le côté interne de chaque œil ; sillonnée sur la suture frontale. *Palpes* noirs. *Antennes* prolongées environ jusqu'à la moitié du corps ; grossissant graduellement à partir du troisième ou du quatrième article ; noires, avec les trois premiers articles en partie d'un brun fauve. *Prothorax* en parallélipipède transversal d'un cinquième ou d'un quart plus large que long ; en ligne presque droite sur tous ses côtés ; aussi large aux angles de devant qu'à ceux de derrière ; très-étroitement rebordé ; peu convexe ; finement ponctué ; glabre ; marqué de chaque côté de deux sillons transverses, naissant près des bords latéraux : l'antérieur, vers les deux cinquièmes de sa longueur, dirigé vers la ligne médiane qu'il n'atteint pas, en se rapprochant un peu du bord antérieur : le postérieur, naissant vers les trois cinquièmes ou deux tiers, se rapprochant un peu de la base, en se dirigeant vers son pareil avec lequel il ne s'unit pas ; creusé sur la ligne médiane d'un sillon longitudinal, affaibli en devant, plus prononcé sur le milieu et surtout au devant de la base. *Ecusson* en triangle à côtés curvilignes ; d'un roux testacé, à base obscure. *Elytres* d'un sixième environ plus larges que le prothorax, un peu moins de quatre fois aussi longues que lui ; faiblement élargies jusque vers les deux tiers ; subarrondies chacune à l'extrémité ; peu ou très-médiocrement convexes ; marquées d'une fossette humérale et d'une autre, au milieu de la base ; d'un roux testacé ; presque glabres, garnies de poils très-clair-semés et peu apparents, surtout en devant ; à neuf stries ponctuées distinctes : les troisième et sixième plus courtes et encloses par leurs voisines. *Intervalles* rugueusement ponctués ; offrant à partir des épaules, un sillon juxta-latéral prolongé jusqu'au cinquième de leur longueur. *Dessous du corps* et *pieds* noirs ; garnis de poils cendrés peu épais. *Prosternum* très-comprimé, peu distinct entre les hanches, moins élevé qu'elles, non prolongé au-delà de l'extrémité de l'arceau.

Patrie : L'Egypte (collect. Reiche).

Obs. Elle se distinguerait facilement des autres espèces connues par la couleur de son écusson, si cette couleur n'est pas susceptible de se montrer obscure chez d'autres individus, ce qui serait possible. La couleur des premiers articles des antennes peut en revanche être moins sombre ou plus claire chez d'autres exemplaires.

O. syriacus ; (Dejean) Reiche.

Allongé ; entièrement noir, garni de poils cendrés qui lui donnent une teinte d'un noir grisâtre. Antennes grossissant sensiblement vers l'extrémité. Prothorax presque en parallélipipède d'un tiers plus large que long ; étroitement rebordé ; ponctué ; marqué de deux sillons transverses interrompus dans le milieu. Elytres rugueusement ponctuées ; à stries légères : la huitième et parfois aussi la septième, indistinctes ; à fossette humérale légère. Prosternum comprimé et peu distinct entre les hanches.

Omophlus syriacus (Dejean) Catal. (1827) p. 235.— Reichb.

♂ Inconnu. Il doit avoir vraisemblablement les antennes moins grosses que la ♀.

♀ Sixième arceau ventral régulier, sans dépression. Jambes de devant denticulées sur leur arête externe. Peignes des ongles des pieds antérieurs, grêles.

Long. 0,0095 à 3,0100 (4 1/4 à 4 1/2 lig.). Larg. 0,0033 à 0,0034 (1 1/2 à 1 2/5 l.).

Corps allongé ; noir, mais paraissant d'un noir cendré ou un peu ardoisé par l'effet des poils dont il est garni. *Tête* de moitié environ plus longue qu'elle est large vers les yeux ; subconvexe; assez grossièrement ponctuée ; hérissée de poils d'un brun cendré, assez longs, peu épais ; notée d'une fossette sur le milieu du front, et d'une dépression à peine moins faible au côté interne des yeux. *Palpes* et *antennes* noirs : celles-ci, peu et très brièvement pubescentes ; un peu luisantes sur les premiers articles, mates sur les autres ; à peine comprimées, et grossissant sensiblement à partir du quatrième article. *Prothorax* presque en parallélipipède transversal, d'un tiers environ plus large à la base qu'il est long sur son milieu ; tronqué en devant, mais subsinué derrière chaque œil ; très-faiblement élargi jusqu'aux deux cinquièmes de ses côtés, subparallèle ou à peine rétréci ensuite ; tronqué à la base ; très-étroitement rebordé en devant et à sa base ; à peine moins étroitement relevé sur les côtés en un rebord tranchant ; émoussé à ses angles, surtout aux postérieurs ; médiocrement convexe ; faiblement déprimé près du milieu de ses côtés ; offrant deux sillons interrompus dans leur tiers médiaire environ, naissant de chacun des bords latéraux : l'un, vers le tiers ou les deux cinquièmes : l'autre, vers les deux tiers ; noir, luisant ; ponctué à peu près comme la tête, près de ses côtés, plus légèrement sur le dos ; hérissé de poils d'un brun cendré fins, peu épais, peu allongés et souvent usés sur le dos. *Ecusson* en triangle presque aussi long que large; à côtés un peu curvilignes; ruguleusement pointillé. *Elytres* d'un quart environ plus larges que le prothorax dans son milieu ; quatre fois environ aussi longues que lui ; munies d'un rebord latéral très-étroit et tranchant, presque planes ou peu convexes sur le dos, convexement déclives sur les côtés ; à fossette humérale très-faible ; notées au milieu de la base d'une fossette plus distincte ; rugueusement ponctuées ; noires ; garnies de poils cendrés fins, courts et presque couchés, leur donnant une teinte d'un noir grisâtre ou un peu ardoisé ; à stries ponctuées légères ou peu prononcées : la huitième et parfois aussi la septième indistinctes : intervalle marginal faiblement sulciforme, après l'épaule. *Repli* réduit à une tranche à partir du niveau des hanches. *Dessous du corps* et *pieds* noirs, luisants, hérissés de poils cendrés. *Prosternum* comprimé entre les hanches et moins élevé qu'elles.

Patrie : La Syrie (collect. Reiche).

Je n'ai vu que la ♀

DESCRIPTION

DE

QUELQUES ELATÉRIDES

NOUVEAUX OU PEU CONNUS

PAR

E. MULSANT ET GUILLEBEAU

Présentée à la Société Linnéenne de Lyon, le 12 mai 1856.

Athous titanus.

D'un noir brun, avec les élytres d'un brun noirâtre et leur bord extérieur d'un testacé roussâtre; presque glabre en dessus (♀). Tête déprimée sur le front ; grossièrement ponctuée, avec des empâtements lisses. Arête frontale arquée , confondue avec l'épistome au milieu de sa partie antérieure. Deuxième article des antennes court : le troisième à peine moins long que le suivant. Prothorax rebordé latéralement ; à angles postérieurs munis d'une très-petite dent dirigée en dehors ; ponctué ; offrant les traces d'une ligne médiaire lisse. Elytres à stries assez profondes, marquées de points ne les débordant pas. Intervalles finement et peu densement ponctués : les troisième à cinquième obtusément en toit en devant. Repli tranchant sur les côtés du ventre. Partie sternale de l'antépectus munie en devant d'un rebord court et convexe, suivi d'un sillon.

♂ Inconnu.

♀ Corps assez large. Antennes un peu plus longuement prolongées que les angles postérieurs du prothorax ; à articles quatrième à dixième dilatés au côté interne, en forme de dent graduellement plus faible du quatrième au dixième. Prothorax presque parallèle, très-faiblement arqué sur les côtés depuis les angles de devant jusqu'aux cinq sixièmes de sa longueur, subparallèle ensuite, offrant, par là, une légère sinuosité vers les cinq sixièmes ; convexe ; presque glabre ; marqué de points un peu ou à peine moins gros que ceux de la tête, moins serrés sur le dos que sur les côtés. Elytres trois fois ou trois fois et quart aussi longues que le prothorax ; subparallèles jusqu'aux cinq sixièmes, obtusément arrondies à l'extrémité, prises ensemble ; très-médiocrement convexes sur le dos. Intervalles peu ruguleusement ponctués.

Long. 0,0225 (10 l.). Larg. 0,0067 (3 l.).

Corps allongé ; subparallèle ; presque glabre en dessus (♀). *Tête* d'un noir brun ; creusée d'une dépression naissant au milieu du front, élargie d'arrière en avant jusque vers le bord antérieur ; marquée de gros points, moins rapprochés sur le milieu de la dépression : plusieurs de ces points séparés par des espaces lisses simulant des empâtements. *Arête frontale* en arc régulier assez faible ; offrant une tranche assez vive, saillante audessus du labre, confondu avec l'épistome sur la moitié médiaire au moins de sa largeur, lisse dans son milieu. *Mandibules* d'un rouge brun à la base, plus obscures à l'extrémité. *Palpes* d'un rouge brun. *Antennes* brunes ou d'un brun noir à la base, graduellement un peu moins obscures à l'extrémité ; peu pubescentes; comprimées ; à deuxième et troisième articles plus étroits que les suivants : le deuxième égal aux deux tiers du troisième : celui-ci un peu moins long que le suivant : les quatrième à dixième obtriangulaires, plus développés au côté interne et, par là, subdentés à ce côté. *Prothorax* presque tronqué en devant , avec les angles antérieurs déclives et avancés pour embrasser un peu les yeux ; à peine plus long sur son milieu qu'il est large à la base ; à angles postérieurs un peu obtus, faiblement plus prolongés en arrière que les angles de l'échancrure antéscutellaire, armés près de leur extrémité d'une petite dent dirigée en dehors ; muni latéralement d'un rebord un peu tranchant entièrement visible en dessus ; ponctué ; d'un noir brun ; presque glabre (♀); offrant sur la ligne médiane une faible trace étroite, lisse ou à peine déprimée ; parfois noté d'une légère fossette, de chaque côté de la ligne médiane, vers les trois quarts de sa longueur. *Ecusson* brun ; presque parallèle, obtusément arrondi à l'extrémité ; subconvexe ou obtusément en toit ; pointillé : presque glabre. *Elytres* faiblement plus larges aux épaules que le prothorax à ses angles postérieurs, brunes, avec l'intervalle marginal d'un testacé roussâtre ; à neuf stries : les deux premières légères : les autres assez profondes, surtout les troisième à cinquième à leur partie antérieure: ces stries marquées de points assez petits, irréguliers, ne les débordant pas : la sixième, avancée jusqu'à la base où elle s'unit à la cinquième : les septième et huitième plus courtes en devant : la neuvième un peu sinuée et sulciforme, depuis l'épaule jusqu'aux hanches postérieures. *Intervalles* marqués de points irréguliers, peu épais, un peu ruguleux ; presque glabres ou peu garnis près de la base et du bord marginal de poils courts et cendrés (♀) ; presque plans : les troisième à cinquième obtusément en toit à leur partie antérieure : les troisième, cinquième et septième plus larges postérieurement que leurs voisins : le dixième ou marginal presque nul en devant, graduellement moins étroit d'avant en arrière, un peu moins large que le neuvième vers les deux tiers de sa longueur. *Repli* d'un testacé roussâtre ; en gouttière et à peine plus large que le postépisternum, vers la moitié de celui-ci, réduit à une tranche sur les côtés du ventre jusqu'au quatrième arceau. *Dessous du corps* d'un noir brun, un peu moins foncé sur l'antépectus ; ponctué assez grossièrement sur ce dernier, finement sur les autres parties pectorales et sur le ventre ; garni de poils fins, couchés, d'un fauve livide, luisants, mi-dorés à certain jour, donnant aux segments postérieurs de la poitrine et à ceux du ventre une teinte d'un noir verdâtre. *Partie sternale de l'antépectus* à peine arquée à son bord antérieur ; munie à celui-ci d'un rebord convexe, à peine égal au diamètre du dernier article des palpes sur les deux tiers médiaires de sa largeur, rétréci à ses extrémités : ce rebord suivi d'un sillon transversal très-marqué. *Métasternum* suivi, à l'extrémité de sa ligne médiane, d'un trou profond, presque en losange, prolongé jusqu'au niveau du milieu de la longueur des hanches. *Pieds* d'un brun noir ou d'un noir brun, avec les tarses un peu moins obscurs en dessus, avec l'extrémité du dernier article et le dessous des autres d'un rouge testacé : hanches postérieures assez fortement élargies au côté interne de leur partie supérieure, graduellement rétrécies depuis l'insertion des cuisses jusqu'aux deux tiers de leur largeur, presque linéaires ou réduites à peu de chose extérieurement : tarses postérieurs graduellement moins épais du premier au quatrième article : le premier presque aussi long que les deux suivants réunis.

Patrie : Le Midi de la France.

Obs. Cette espèce se distingue des autres par une taille beaucoup plus avantageuse. Elle s'éloigne des ♀ des *A. fuscicornis* et *Dejeanii* par la sixième strie des élytres avancée jusqu'au niveau de la cinquième avec laquelle elle se lie ; par les troisième à cinquième intervalles en toit en devant ; par le repli des élytres tranchant sur les côtés des deuxième à quatrième arceaux ; par la partie sternale de l'antépectus munie en devant d'un rebord convexe et peu développé dans le sens longitudinal de l'insecte ; par le trou plus grand de l'extrémité du métasternum. Elle s'éloigne en outre de l'*A. Dejanii* par l'arête frontale en arc régulier, et du *fuscicornis* par cette arête confondue en devant avec l'épistome.

Athous Dejeanii.

Dessus du corps d'un noir brun sur la tête et sur le prothorax, brun sur les élytres, avec le bord marginal de celles-ci d'un roux testacé; pubescent (♂), presque glabre (♀). Tête déprimée sur le front; assez grossièrement ponctuée. Arête frontale en angle tronqué en devant; confondue avec l'épistome à son bord antérieur. Deuxième article des antennes court: le troisième presque aussi long que le quatrième. Prothorax muni latéralement d'un rebord visible en dessus; à angles postérieurs armés d'une dent dirigée en dehors; ponctué; offrant à peine les traces d'une ligne médiane. Elytres à stries ponctuées et assez prononcées. Intervalles presque plans; pointillés. Repli à deux bords distincts sur les côtés du ventre. Partie sternale de l'antépectus relevée et obtusément arquée en devant, chargée un peu après d'une saillie transversale.

♂ *Corps* plus étroit, plus parallèle, moins convexe; garni en dessus de poils d'un fauve cendré ou d'un fauve testacé, fins, couchés, mais très-apparents, qui lui donnent une teinte d'un brun fauve. *Antennes* prolongées environ jusqu'au quart de la longueur des élytres; d'un roux ou d'un fauve testacé: articles quatrième à dixième, moins dilatés, proportionnellement plus longs; à dernier article quatre ou cinq fois aussi long qu'il est large. *Prothorax* presque parallèle; à peine plus long sur son milieu qu'il est large à la base; peu convexe. *Elytres* presque parallèles jusqu'aux deux tiers, rétrécies ensuite; peu convexes. Intervalles plus sensiblement ruguleux: les troisième à cinquième moins sensiblement plus convexes que les autres vers la base. *Pieds* bruns, avec les tarses d'un brun testacé ou d'un testacé brun.

♀ Proportionnellement plus large, moins parallèle, plus convexe; brune et à peu près glabre en dessus, au moins sur le prothorax et sur les élytres. *Antennes* à peine plus longuement prolongées que les angles postérieurs du prothorax; brunes à la base, graduellement d'un brun rouge testacé vers l'extrémité ; à articles quatrième à dixième proportionnellement plus dilatés, moins longs. *Prothorax* un peu élargi en ligne faiblement courbe jusqu'à la moitié ou aux quatre septièmes, subsinueusement rétréci ensuite ; convexe ; à peine plus long sur son milieu qu'il est large à la base, un peu moins long qu'il est large vers la moitié de ses côtés ; marqué d'une dépression ou fossette oblique contiguë au bord marginal vers le tiers ou les deux cinquièmes de la longueur. *Elytres* subsinueusement élargies jusqu'aux deux tiers; médiocrement convexes. Intervalles moins ruguleux : les troisième à cinquième plus sensiblement convexes en devant. *Pieds* bruns ou d'un brun testacé sur les cuisses, d'un fauve ou d'un roux testacé graduellement plus clair sur les jambes et les tarses.

Athous Dejeanii (Yvan) (Dejean) Catal. (1833) p. 89 — *Id.* (1837) p. 101.
(Suivant un exemplaire envoyé à M. Foudras par feu le comte Dejean.)

Long. 0,0157 (7 l.) ♂. — 0,168 (7 1/2 l.) ♀. — Larg. 0,0045 (2 l.) ♂. 0,0050 (2 1/3 à 2 1/2 l.) ♀.

Corps allongé ; subparallèle ; pubescent (♂) ou presque glabre (♀) en dessus. *Tête* brune ou d'un brun rougeâtre ; creusée d'une dépression naissant au milieu du front, plus prononcée sur ce point et près du bord antérieur que sur la région intermédiaire ; marquée de points assez gros, surtout sur la dépression. *Arête frontale* en angle tronqué en devant ; confondue dans cette partie tronquée, qui est lisse, avec l'épistome. *Mandibules* d'un rouge brun, avec l'extrémité obscure ou noirâtre. *Palpes* testacés ou d'un testacé fauve. *Antennes* d'un fauve testacé, ordinairement plus obscures chez la ♀ ; pubescentes; comprimées; à troisième et surtout deuxième articles plus étroits que le quatrième : le deuxième, près de moitié plus court que le troisième : celui-ci un peu moins long ou presque aussi long que le quatrième : les quatrième à dixième obtriangulaires, plus développés au côté interne et, par là, subdentés à ce côté. *Prothorax* presque tronqué en devant, subsinué derrière les yeux, avec les angles antérieurs déclives; à angles postérieurs non obtus, médiocrement prolongés en arrière et munis vers leur extrémité, d'une petite dent très-apparente dirigée en dehors ; muni latéralement d'un rebord entièrement visible quand l'insecte est examiné en dessus ; ponctué un peu moins grossièrement que la tête ; offrant les traces d'une ligne longitudinale médiane lisse ; noté d'une fossette de chaque côté de cette ligne, vers les deux tiers ou un peu plus de la longueur. *Ecusson* de la couleur des étuis ; obtusément arrondi à son extrémité ; subconvexe ; ponctué. *Elytres* un peu plus larges en devant que le prothorax à ses angles postérieurs ; deux fois et demie ou un peu plus aussi longues que lui ; brunes, avec l'intervalle marginal d'un roux testacé ; à neuf stries étroites, linéaires, assez prononcées, marquées de points plus longs que larges, ne les débordant pas : les troisième à cinquième plus profondes vers la base : la sixième et surtout les septième et huitième non avancées jusqu'à la base : la neuvième sulciforme depuis l'épaule jusqu'au niveau des hanches postérieures. *Intervalles* marqués de petits points ; presque plans : les troisième à cinquième graduellement un peu élargis et subconvexes en devant : les troisième à septième un peu plus larges postérieurement que leurs voisins : le dixième ou marginal, presque nul en devant, graduellement moins étroit d'avant en arrière, un peu moins large que le neuvième vers les deux tiers de sa longueur. *Repli* testacé ; à peine plus large que le postépisternum vers la moitié de celui-ci ; presque réduit à une tranche sur les côtés du ventre, mais offrant cependant ses deux bords distincts : l'interne graduellement moins élevé que l'externe d'avant en arrière. *Dessous du corps* brun ou d'un brun rougeâtre ; moins finement ponctué sur l'antépectus que sur les autres parties ; garni de poils fins, couchés, cendrés ou d'un cendré fauve. *Partie sternale de l'antépectus* obtusément arquée et relevée à son bord antérieur : cette partie relevée à peine égale dans son milieu au sixième de sa largeur totale ; chargée d'une saillie transversale vers les deux cinquièmes ou un peu plus de sa longueur jusqu'aux hanches de devant ; creusée d'un sillon transversal après la partie antérieure relevée, et d'un autre entre celui-ci et le relief transverse : ce dernier sillon ordinairement peu marqué chez le ♂. *Pieds* bruns sur les cuisses, un peu moins obscurs sur les jambes et surtout sur les tarses, souvent testacés ou d'un fauve testacé à l'extrémité de ceux-ci, chez la ♀.

Patrie : Les parties méridionales de la France.

Obs. Cette espèce varie un peu de teinte suivant le développement de la matière colorante ; mais nous ne l'avons jamais vue d'un rouge brun ou d'une teinte plus claire en dessus, même sur les élytres.

L'*A. Dejeanii* a beaucoup d'analogie avec l'*A. titanus*. Il s'en distingue principalement par son arête frontale, en angle tronqué au lieu d'être en arc ; par son prothorax armé vers l'extrémité de ses angles postérieurs d'une dent dirigée en dehors plus prononcée ; par la sixième strie des élytres avancée jusqu'à la cinquième avec laquelle elle s'unit en devant ; par le repli offrant même sur les côtés des premiers arceaux du ventre deux bords au lieu d'une simple tranche ; par la partie sternale de l'antépectus obtusément arquée en devant, au lieu d'être simplement munie d'un rebord convexe, chargée d'un relief transversal, vers les deux cinquièmes de l'espace compris entre les côtés du bord antérieur et les hanches de devant.

Athous fuscicornis. ♀.

Dessus du corps variant du noir brun au brun fauve sur la tête et le prothorax, et du brun au roux testacé sur les élytres ; presque glabre. Tête déprimée sur le front ; grossièrement ponctuée. Arête frontale arquée, un peu avancée au-dessus de l épistome qui reste libre. Deuxième article des antennes court : le troisième à peine moins long que le suivant. Prothorax muni latéralement d'un rebord visible ; à angles postérieurs munis d'une petite dent un peu dirigée en dehors; offrant les traces d'une raie longitudinale médiaire. Elytres à stries étroites, marquées de points ne les débordant pas ; la sixième raccourcie en devant. Intervalles plans, pointillés. Partie sternale de l'antépectus uni-sillonnée, arquée et relevée au devant de ce sillon.

♂. Inconnu.

♀. Corps assez large. Antennes à peine aussi longuement prolongées que les angles postérieurs du prothorax; à articles quatrième à dixième dilatés au côté interne en forme de dent graduellement plus faible du quatrième au dixième. Prothorax un peu arqué sur les quatre cinquièmes antérieurs de ses côtés, parallèle ensuite; convexe ; presque uniformément marqué de points un peu moins gros que ceux de la tête. Élytres légèrement élargies jusqu'aux trois cinquièmes, rétrécies ensuite en ligne graduellement plus courbe jusqu'à l'angle sutural; médiocrement convexes sur le dos. Intervalles à peine ruguleux.

Long. 0,0135 à 0,0157 (6 à 7 l.). Larg. 0,0039 à 0,0045 (1 1/2 à 2 l.)

Corps allongé; subparallèle. *Tête* ordinairement d'un brun noir, parfois brune, d'un brun rouge ou d'un rouge brun ; creusée d'une dépression naissant sur le milieu de son front et triangulairement élargie d'arrière en avant jusqu'au bord antérieur (cette dépression ordinairement moins prononcée sur le disque de cette région triangulaire) ; marquée de gros points, séparés par des intervalles dont quelques-uns sont lisses ou empâtés, près de la fossette frontale : ces points donnant naissance à un poil court, fin et peu distinct. *Arête frontale* en arc régulier, ou parfois à peine anguleux dans le milieu de son bord antérieur ; légèrement relevée ou un peu épaissie à ce bord ; un peu avancée au dessus de l'épistome qui est perpendiculaire et reste distinct sur toute la largeur. *Labre* brun ou brun fauve ; ponctué ; cilié. *Mandibules* brunes ou fauves. *Palpes* de cette dernière couleur. *Antennes* variant du brun au rouge brun ; médiocrement pubescentes; comprimées ; à deuxième et troisième articles étroits: le deuxième à peine plus long que la moitié du troisième : celui-ci presque aussi long ou un peu moins long que le suivant ; les quatrième à dixième obtriangulaires ou plus dilatés au côté interne et paraissant, par là, subdentés à ce dernier. *Prothorax* presque tronqué en devant, avec les angles antérieurs déclives et un peu avancés pour embrasser les yeux ; d'un cinquième environ moins large à la base qu'il est long sur son milieu ; à angles postérieurs un peu obtus, faiblement plus prolongés en arrière que les angles de l'échancrure antéscutellaire ; à peine muni à ces angles d'une petite dent relevée et obliquement dirigée en dehors ; muni latéralement d'un rebord entièrement visible quand l'insecte est examiné en dessus ; garni de quelques poils courts et peu distincts (♀) ; offrant longitudinalement les traces d'une ligne médiane, souvent indistincte à ses extrémités ; ordinairement noir, parfois d'un brun rouge ou même d'un rouge brun. *Ecusson* de la couleur des étuis ; obtusément arrondi à l'extrémité ; pointillé ; pubescent ; subconvexe. *Elytres* un peu plus larges en devant que le prothorax à ses angles postérieurs ; deux fois et quart à deux fois et demie aussi longues que lui ; ordinairement brunes , avec l'intervalle marginal moins obscur, parfois d'un brun rouge , d'un rouge brun ou même d'un roux testacé ; presque glabres (♀) , garnies sur les côtés de quelques poils peu distincts ; à neuf stries linéaires, étroites, marquées de points irréguliers, plus longs que larges , ne les débordant pas : les troisième à cinquième moins légères ou plutôt approfondies en devant ; les sixième à huitième non avancées jusqu'à la base : la neuvième sulciforme depuis l'épaule jusqu'au niveau des hanches postérieures. *Intervalles* plans ; irrégulièrement marqués de petits points peu serrés : le dixième ou marginal presque nul en devant, graduellement moins étroit d'avant en arrière, moins large que le neuvième vers les deux tiers de la longueur. *Repli* à peu près de la couleur du dessus ou du moins du dixième intervalle ; à peine aussi large ou à peine plus large que le postépisternum vers la moitié de celui-ci ; presque réduit à une tranche sur les côtés du ventre jusqu'au premier arceau, offrant néamoins ses deux bords très-distincts quoique rapprochés: l'interne un peu moins saillant que l'externe. *Dessous du corps* d'un noir brun ou d'un brun noir dans l'état normal, d'un brun testacé ou d'un brun roux testacé chez les variétés plus claires ; assez grossièrement ponctué sur l'antépectus, plus finement sur les autres parties pectorales et surtout sur le ventre ; garni de poils fins, couchés, d'un fauve livide, luisants, mi-dorés à certain jour, donnant aux segments postérieurs de la poitrine et à ceux du ventre une légère teinte d'un noir verdâtre, chez les variétés foncées. *Partie sternale de l'antépectus* sillonnée transversalement près de son bord antérieur, avec les traces légères d'un ou de deux autres sillons ; arqué plus fortement, ponctué et un peu relevé à son bord antérieur, offrant le milieu de cette partie arquée aussi développé dans le sens de la longueur de l'insecte que le quart ou le tiers de la largeur de ladite partie sternale. *Pieds* pubescents ; de la couleur du dessus sur les cuisses, d'une teinte un peu plus claire sur les jambes et surtout sur les tarses : hanches postérieures un peu plus élevées que le niveau du ventre ; assez fortement élargies à leur partie supérieure vers l'insertion des cuisses, subgraduellement rétrécies depuis ce point jusqu'aux deux tiers, presque linéaires extérieurement : tarses postérieurs moins épais depuis le premier article jusqu'au quatrième : le premier un peu moins long ou à peine aussi long que les deux suivants réunis : le dernier égal aux deux précédents pris ensemble.

Patrie : Le midi de la France.

Obs. Nous n'avons vu que la ♀.

Cette espèce varie beaucoup de couleur suivant le développement de la matière colorante. Chez les individus qui peuvent être considérés comme étant à l'état normal, la tête, le prothorax et le dessous du corps sont d'un noir brun ; mais chez d'autres individus les parties les plus foncées passent au brun, au brun rouge ou même au roux brun : les élytres et les cuisses, ordinairement brunes, se montrent d'un roux testacé chez les variétés les plus claires.

L'*A. fuscicornis* se rapproche de l'*A. Dejeanii* ; mais il en diffère par sa taille moins avantageuse ; par son arête frontale régulièrement arquée, laissant distinct l'épistome ; par sa partie sternale de l'antépectus non chargée d'un relief transverse vers les deux cinquièmes de sa longueur jusqu'aux hanches, etc.

Athous escorialensis.

Corps ordinairement brun en dessus, avec l'intervalle marginal des élytres d'un fauve testacé, mais parfois d'un rouge brun ou brunâtre, ou même avec les élytres d'un fauve ou roux testacé chez le ♂ ; pubescent (♂), presque glabre (♀). Tête déprimée sur le front; grossièrement ponctuée. Arête frontale en angle obtus, non avancée au-dessus de l'épistome qui reste distinct. Deuxième article des antennes court : le troisième à peu près aussi long que le suivant. Prothorax très-étroitement rebordé latéralement ; à angles postérieurs munis d'une petite dent dirigée en dehors ; ponctué ; offrant les traces d'une ligne médiane. Elytres à stries ponctuées assez prononcées. Intervalles en partie presque plans ; finement ponctués. Repli offrant deux bords distincts sur une portion des côtés du ventre. Partie sternale de l'antépectus munie en devant d'un rebord presque uniforme, peu étroit.

♂. Corps plus étroit, plus parallèle, moins convexe, garni en dessus de poils d'un cendré fauve, fins, couchés, mais très-apparents. Antennes prolongées au moins jusqu'au quart antérieur des élytres ; à articles plus allongés, proportionnellement moins élargis et moins dentés au côté interne : le troisième un peu moins long que le quatrième : le dernier, quatre fois au moins aussi long qu'il est large. Prothorax à peine ou très-faiblement arqué sur les côtés depuis les angles de devant jusqu'à la sinuosité, vers les trois quarts de sa longueur, un peu élargi d'avant en arrière après celle-ci ; peu convexe ; un peu plus long sur son milieu qu'il est large à sa base ; offrant sur les côtés, un peu avant la moitié de sa largeur, les traces plus ou moins distinctes d'une faible dépression. Elytres presque parallèles jusqu'aux quatre cinquièmes, obtusément arrondies à l'extrémité, prises ensemble ; très-peu convexes ; à stries moins profondes en devant ; à intervalles plus ruguleux ; les deuxième à cinquième moins convexes ou moins sensiblement en toit. Repli offrant ses deux bords distincts jusqu'à l'extrémité du quatrième arceau. Deuxième sillon transversal de la partie sternale ordinairement plus faible. Premier article des tarses postérieurs aussi long que les deux suivants réunis.

♀. Corps plus large, moins parallèle, plus convexe, presque glabre en dessus. Antennes à peine plus longuement prolongées que les angles postérieurs du prothorax ; à articles quatrième à dixième, proportionnellement plus larges, plus dilatés au côté interne et moins longs : le neuvième au moins aussi long que le quatrième : le dernier deux fois et demie aussi long qu'il est large. Prothorax plus sensiblement arqué depuis les angles antérieurs jusqu'à la sinuosité, vers les trois quarts de la longueur de ses côtés, parallèle ensuite ; convexe ; à peine plus long sur son milieu qu'il est large à la base. Elytres sinuées après les épaules, élargies assez faiblement ou médiocrement jusqu'aux quatre septièmes, rétrécies ensuite ; médiocrement convexes. Repli offrant jusque vers la partie postérieure du deuxième arceau ventral ses deux bords distincts, graduellement réduit ensuite à une tranche, ou à bord interne moins saillant. Premier article des tarses postérieurs un peu moins long que les deux suivants réunis.

Athous escorialensis, D. Arias, in litter.

Long. 0,0123 à 0,146 (5 1/2 à 6 1/2 l.). Larg. 0.0033 (1 1/2 l.). ♂. — 0,0045 (2 l.). ♀.

Corps allongé ; subparallèle ; pubescent (♂) ; presque glabre (♀) ; ordinairement brun en dessus, avec le bord des élytres fauve ou testacé, mais offrant des teintes diverses suivant le développement de la matière colorante, parfois d'un rouge brun plus pâle sur les élytres que sur la tête et le prothorax (♀), ou même d'un roux testacé également plus pâle sur les élytres que sur les parties précédentes. *Tête* marquée d'une dépression naissant au milieu du front et prolongée jusqu'au bord antérieur, ordinairement plus prononcée à ses deux extrémités ; marquée de gros points. *Arête frontale* en angle obtus, non avancée sur l'épistome qui reste distinct sur sa toute sa largeur et subperpendiculaire ou déclive d'arrière en avant dans son milieu. *Mandibules* d'un rouge brun ou testacé, teinte variable à la base, obscures à l'extrémité. *Palpes* testacés ou d'un fauve testacé, même chez les variétés les plus foncées. *Antennes* testacées ; pubescentes ; comprimées ; à deuxième article étroit et à peine aussi long que le troisième : celui-ci à peu près aussi long que le suivant : les quatrième à dixième, obtriangulaires, plus développés au côté interne qu'à l'externe et, par là, subdentés à ce côté. *Prothorax* presque tronqué en devant, avec les angles antérieurs déclives et un peu avancés ; plus long sur son milieu qu'il est large à la base ; sinué vers les trois quarts de ses côtés ; à angles postérieurs un peu obtus, médiocrement prolongés en arrière, et armés vers leur extrémité d'une petite dent obliquement dirigée en dehors ; muni latéralement d'un rebord très-étroit, assez visible quand l'insecte est examiné en dessus ; généralement marqué de points aussi gros que ceux de la tête ; offrant longitudinalement sur la ligne médiaire une raie sulciforme (♂) ou une trace lisse (♀) indistincte à ses extrémités ; ordinairement noté d'une fossette, de chaque côté de cette ligne médiane, vers les trois quarts de sa longueur. *Écusson* de la couleur des étuis ; obtusément arrondi à l'extrémité ; subconvexe; pointillé. *Elytres* un peu plus larges en devant que le prothorax ; deux fois et quart à deux fois et demie environ aussi longues que lui ; à neuf stries : les cinq premières plus profondes en devant, graduellement moins prononcées postérieurement, étroites, marquées de points plus longs que larges, ne les débordant pas : les sixième à huitième et surtout la septième avancées jusqu'à la base : la neuvième sulciforme depuis l'épaule jusqu'au niveau de la hanche postérieure. *Intervalles* marqués de petits points : les deuxième à sixième en partie au moins subconvexes ou légèrement en toit en devant, presque plans postérieurement : le marginal un peu subsinué, presque également un peu plus étroit depuis après l'épaule jusqu'au niveau du milieu du premier arceau ventral, faiblement moins étroit postérieurement. *Repli* testacé ou testacé roussâtre ; en gouttière et faiblement plus large que le postépisternum, vers la moitié de celui-ci ; presque réduit à une tranche sur les côtés du ventre, offrant néanmoins deux bords distincts au moins jusque près de l'extrémité du deuxième arceau ventral. *Dessous du corps* d'un brun noir ou brun, avec le bord postérieur des arceaux du ventre plus clair, chez les individus ayant toute leur couleur : moins foncé et parfois d'un roux testacé chez quelques individus, avec le bord des arceaux du ventre plus pâle encore ; assez grossièrement ponctué sur l'antépectus, plus finement sur les autres parties pectorales et surtout sur le ventre ; garni de poils fins et couchés. *Partie sternale de l'antépectus* munie en devant d'un rebord subconvexe, presque uniformément égal sur les trois quarts médiaires de sa largeur ou peut-être un peu plus court dans son milieu, à peine plus développé dans ce point, dans le sens de la longueur de l'insecte que le septième ou le huitième de la largeur totale de la partie sternale : ce rebord suivi d'un sillon, puis d'un autre plus ou moins léger ; légèrement en relief transverse après ce dernier.

Pieds d'un fauve testacé graduellement plus clair depuis les cuisses, chez les individus le plus fortement colorés, d'un testacé plus ou moins clair chez les autres. *Hanches postérieures* un peu élevées au-dessus du niveau du premier arceau ventral ; offrant leur plus grande dilatation vers l'origine des cuisses, graduellement rétrécies jusqu'au milieu de leur largeur, linéaires extérieurement. Tarses postérieurs graduellement moins épais, du premier article au quatrième : le premier, à peu près aussi long que les deux suivants réunis.

Patrie : les environs de l'Escurial, en Espagne (collection Arias).

Obs. Cette espèce varie beaucoup de teinte, depuis le brun, jusqu'au roux testacé ; néanmoins elle se distingue des espèces voisines, par son arête frontale en angle obtus dirigé en avant, non avancée au dessus de l'épistome qui reste distinct sur toute sa largeur, subperpendiculaire ou plus ordinairement déclive d'avant en arrière et dépassant sensiblement alors à son bord antérieur celui de l'arête frontale ; par sa partie sternale de l'antépectus munie en devant d'un rebord presque moins court d'avant en arrière près des côtés que dans son milieu.

Athous Godarti.

Dessus du corps ordinairement d'un noir brun sur la tête et le prothorax, brun ou d'un brun châtain sur les élytres, avec le bord de celles-ci testacé ; pubescent (♂ ♀). Tête et prothorax ponctués : la première déprimée sur le front. Arête frontale tronquée, relevée à ses extrémités ; avancée sur l'épistome qui reste distinct. Prothorax muni, sur les côtés, d'un rebord très-étroit, peu distinct en dessus dans sa moitié antérieure. Ecusson obtusément en toit. Elytres à stries ponctuées : intervalles ruguleusement pointillés. Repli à deux bords distincts sur les côtés du ventre. Partie sternale de l'antépectus arquée et relevée en devant : cet arc aussi long que le tiers de sa largeur. Dessous du corps ordinairement d'un noir brun. Pieds d'un fauve testacé.

♂. Corps plus étroit ; moins convexe. Antennes prolongées environ jusqu'au cinquième des élytres ; à articles plus allongés, proportionnellement moins larges : les quatrième à dixième plus régulièrement obtriangulaires, moins dilatés au côté interne, peu dentés à ce côté : le dernier, trois fois et demie aussi long qu'il est large sur son milieu. Prothorax presque parallèle, à peine élargi en ligne presque droite ou à peine sinué jusque vers la moitié de sa longueur, faiblement rétréci ensuite jusqu'à la subsinuosité, puis subparallèle ou à peine élargi d'avant en arrière, aussi large à ses angles postérieurs que vers la moitié de sa longueur ; d'un cinquième plus long sur son milieu qu'il est large à sa base ; peu convexe. Élytres presque parallèles jusqu'aux deux tiers, peu rétrécies jusqu'aux quatre cinquièmes, obtusément arrondies à l'extrémité ; peu convexes.

♀. Corps moins étroit ; plus convexe. Antennes prolongées à peine jusqu'à l'extrémité des angles postérieurs du prothorax : à articles quatrième à dixième proportionnellement moins longs ou plus larges, plus dilatés au côté interne, plus visiblement subdentés à ce côté : le dernier, deux fois et demie aussi long qu'il est large sur son milieu. Prothorax faiblement arqué sur les côtés jusqu'à la subsinuosité, subparallèle ou faiblement élargi ensuite, un peu moins large à l'extrémité de ses angles postérieurs que vers la moitié de sa longueur ; d'un sixième environ plus long sur son milieu qu'il est large à la base ; médiocrement convexe. Élytres subsinueusement élargies jusqu'à la moitié, rétrécies faiblement ensuite, en ligne graduellement moins courbe ; très-médiocrement convexes.

Long. 0,0090 à 0,0100 (4 à 4 1/2 l.). Larg. 0,0022 (1 l.).

Corps assez allongé ; subparallèle ; pubescent (♂. ♀) ; ordinairement d'un noir brun ou d'un brun noir sur la tête et sur le prothorax, brun ou d'un brun châtain sur les élytres, avec l'intervalle marginal de celles-ci testacé. *Tête* marquée de points gros ou assez gros, peu serrés, donnant chacun naissance à un poil fin, cendré ou cendré nébuleux ; creusée sur le front d'une dépression naissant sur le milieu du front, élargie d'arrière en avant jusqu'au bord antérieur. *Arête frontale* tronquée en devant, relevée à ses extrémités et paraissant quelquefois, par là, échancrée dans son milieu ; avancée au-dessus de l'épistome, qui est perpendiculaire et reste distinct sur toute sa largeur. *Mandibules* d'un brun rouge, à extrémité noire. *Palpes* testacés ou d'un roux testacé. *Antennes* pubescentes ; comprimées ; ordinairement brunes ou d'un brun noir ; quelquefois brunes, avec le premier ou les deux premiers articles d'un rouge brunâtre ; d'autres fois d'un rouge fauve ou d'un rouge testacé, avec la seconde moitié des articles quatrième à dixième brunâtre ; à deuxième et troisième articles étroits : le deuxième à peine plus long que la moitié du troisième : celui-ci un peu moins long que le suivant : les quatrième à dixième, obtriangulaires : les cinquième à dixième légèrement arqués à leur côté interne. *Prothorax* presque tronqué en devant, avec les angles antérieurs déclives ; subsinué sur les côtés vers les quatre cinquièmes de leur longueur ; à angles postérieurs un peu obtus, médiocrement prolongés, munis vers leur extrémité d'une dent très-petite et souvent peu distincte, dirigée en haut ou un peu de côté ; ordinairement noir brun ou brun noir ; ponctué à peine moins grossièrement que la tête, et, comme celle-ci, garni de poils fins ; n'offrant pas ou offrant à peine les traces d'une ligne longitudinale médiane. *Écusson* de la couleur des étuis ; pointillé ; pubescent ; en toit obtus ou chargé d'une faible arête longitudinale. *Elytres* un peu plus larges en devant que le prothorax à sa base ; une fois ou une fois et quart plus longues que lui ; ordinairement brunes, ou d'un brun châtain, avec le dixième intervalle testacé, et parfois avec le sutural d'une teinte rapprochée ; à neuf stries assez prononcées, à peine affaiblies d'avant en arrière, marquées de points assez petits, ne les débordant pas : la première subsulciforme par l'effet de l'intervalle sutural légèrement relevé : les sixième à huitième non avancées jusqu'à la base : la neuvième la plus profonde sur toute sa longueur. *Intervalles* ruguleusement pointillés ; pubescents : les troisième à cinquième légèrement convexes en devant, plus sensiblement chez la ♀ : le dixième, presque aussi large que le neuvième vers les deux tiers de sa longueur. *Repli* testacé ; une fois au moins plus large que le postépisternum vers la moitié de celui-ci ; presque réduit à une tranche vers les côtés du ventre, mais offrant néanmoins ses deux bords distincts. *Dessous du corps* ordinairement noir, noir brun ou brun noir, quelquefois avec les sutures des flancs de l'antépectus et le bord de l'arceau postérieur du ventre d'un fauve testacé ; moins finement ponctué sur l'antépectus que sur les autres parties pectorales ; pubescent. *Partie sternale de l'antépectus* arquée et relevée à son bord antérieur : cet arc presque aussi long sur son milieu que le tiers de sa largeur ; rayée d'un sillon transversal assez prononcé servant de limite à la partie arquée : marquée d'un autre sillon plus léger suivi d'un relief transversal plus ou moins sensible. *Pieds* d'un fauve testacé sur les hanches, testacés sur les jambes et les tarses : hanches postérieures à peine plus élevées que le niveau du ventre; offrant vers le point d'insertion des hanches la plus grande dilatation de leur partie supérieure, graduellement rétrécies de ce point jusqu'à la moitié de leur largeur, presque linéaires extérieurement : deuxième, troisième et quatrième articles des tarses garnis en dessous d'une sorte de petite houppe de poils ; le premier des postérieurs à peine aussi long que les deux suivants réunis : le dernier, plus grand que les deux précédents, pris ensemble.

Patrie : le midi de la France.

Obs. Nous l'avons dédiée à notre ami M. Godart, l'un de nos meilleurs entomologistes lyonnais.

Dans l'état qui semble être normal, le dessous du corps paraît être noir ou d'un noir brun sur la tête et sur le prothorax, et brun ou brun châtain sur les élytres : nous n'avons pas eu d'exemple de cette couleur passant au testacé ; cependant chez quelques individus, surtout chez le ♂, l'intervalle sutural des élytres est d'un fauve testacé.

L'*A. Godarti* se distingue des espèces voisines par son arête frontale tronquée, relevée à ses extrémités ; par la couleur de ses antennes ; par son écusson en toit ; par la forme de la partie sternale de son antépectus ; par les deuxième à quatrième articles des tarses garnis en dessus de houppes de poils. Il s'éloigne de l'*olbiensis* avec lequel il a quelque analogie, par sa taille plus avantageuse et par l'intervalle marginal des élytres testacé.

Athous vestitus. ♂.

Corps ordinairement brun ou d'un brun de poix, en dessus, avec l'intervalle marginal des élytres testacé ; pubescent (♂). Tête déprimée sur le front ; ponctuée. Arête frontale arquée, avancée un peu au dessus de l'épistome qui reste distinct. Deuxième article des antennes court : le troisième, un peu moins long que le quatrième. Prothorax à peine muni d'une petite dent à ses angles postérieurs ; étroitement rebordé ; ponctué. Elytres à stries ponctuées, étroites. Intervalles plans, finement ponctués. Repli offrant deux bords distincts sur la majeure partie des côtés du ventre. Partie sternale de l'antépectus arquée et un peu relevée en devant, aussi développée dans le milieu de cette partie arquée que le cinquième de sa largeur. Dessous du corps ordinairement brun ou brun noir, avec le bord des arceaux et les côtés du ventre testacés. Pieds de cette couleur.

♂. Corps assez étroit ; presque parallèle ; peu convexe ; pubescent. Antennes prolongées jusqu'au cinquième ou au quart des élytres ; à articles proportionnellement plus allongés, moins dilatés, moins dentés : le troisième plus étroit et d'un cinquième moins long que le quatrième : le dernier trois ou quatre fois aussi long qu'il est large vers la moitié de sa longueur. Prothorax faiblement élargi en ligne presque droite jusqu'à la moitié de sa longueur, offrant dans ce point vers ses bords latéraux une dépression qui le fait paraître un peu brusquement élargi vers ladite moitié, rétréci ensuite en ligne droite ; peu convexe ; d'un cinquième environ plus long sur son milieu qu'il est large à la base. Élytres presque parallèles jusqu'à moitié, faiblement rétrécies ensuite jusqu'aux quatre cinquièmes, obtusément arrondies à l'extrémité, prises ensemble ; peu convexes sur le dos ; à intervalles peu ruguleux. Repli offrant deux bords distincts et à peu près égaux jusque vers la moitié du cinquième arceau. Partie prosternale, à peine marquée d'un second sillon transverse et d'un relief à peine distinct après celui-ci. Premier article des tarses postérieurs aussi long que les deux suivants réunis.

Athous vestitus (Dejean). Catal. (1833) p. 90. — *Id.* (1837), p. 101.

Long. 0,0112 (5 l.). Larg. 0,0026 (1 1/5 l.).

Corps allongé ; presque parallèle ; garni de poils assez fins, peu épais, cendrés, en partie mi-couchés (♂). *Tête* couleur de poix, fauve ou d'un brun rougeâtre ; pubescente ; marquée d'une dépression naissant au milieu du front, graduellement élargie d'arrière en avant jusque près du bord antérieur, avec le disque de cette région non déprimé ; ponctuée ; à arête frontale un peu relevée en rebord, tranchante, arquée, un peu avancée au-dessus de l'épistome : celui-ci, court, perpendiculaire et distinct sur toute sa largeur, de l'arête frontale. *Labre*, *palpes* et *mandibules* d'un rouge brun, fauves, ou d'un rouge testacé : les mandibules obscures ou noirâtres à leur extrémité. *Antennes* pubescentes ; fauves ou d'un fauve testacé : deuxième et troisième articles plus étroits que les suivants : le deuxième, de deux tiers aussi long que le troisième : celui-ci, un peu moins long que le suivant. *Prothorax* presque tronqué ou à peine arqué en devant ; à angles postérieurs faiblement plus prolongés en arrière que les angles de l'échancrure antéscutellaire, un peu obtus à leur extrémité, à peine munis à celle-ci d'une dent dirigée en dehors et peu distincte; marqué de points à peine plus petits que ceux de la tête, mais moins serrés sur le dos ; muni latéralement d'un rebord très-étroit, plus affaibli et peu visible en dessus dans la moitié antérieure de ses côtés ; d'un brun de poix, un peu plus rougeâtre sur le dos que sur les côtés ; offrant les traces d'une ligne longitudinale médiaire. *Ecusson* obtusément arrondi à l'extrémité; finement et densement ponctué ; pubescent ; d'un brun de poix. *Elytres* d'un quart plus larges en devant que le prothorax à ses angles postérieurs ; deux fois à deux fois et quart aussi longues que lui ; peu convexes sur le dos (♂) ; à neuf stries un peu affaiblies d'avant en arrière, assez étroites, marquées de points plus longs que larges, ne les débordant pas ; les troisième à cinquième plus prononcées en devant : les sixième à huitième non avancées jusqu'à la base : la neuvième très-peu sinuée entre les épaules et le niveau des hanches postérieures ; d'un brun de poix ou d'un brun rougeâtre, comme le prothorax, avec l'intervalle marginal testacé. *Intervalles* plans ; assez finement ponctués : le septième à peine caréné depuis l'épaule jusqu'au cinquième de la longueur, près de la septième strie : le neuvième graduellement moins étroit d'avant en arrière, un peu plus étroit vers les deux tiers de la longueur que le neuvième. *Repli* testacé ; plus large, même sans son rebord, que le postépisternum vers la moitié de celui-ci, à peu près réduit à une tranche sur les côtés du ventre, mais offrant néanmoins sur la majeure partie de ceux-ci, deux bords distincts. *Dessous du corps* d'un brun plus foncé ou plus noirâtre sur les deux dernières parties pectorales que sur l'antérieure ; ventre d'un brun obscur, avec les côtés et le bord postérieur des arceaux, testacés, et le dernier de ceux-ci graduellement de même couleur d'avant en arrière ; ponctué peu finement et peu densement sur l'antépectus, pointillé sur le reste ; brièvement et parcimonieusement pubescent. *Partie sternale de l'antépectus* arquée en devant et légèrement relevée à son bord antérieur, aussi développée dans le milieu de cette partie arquée que le cinquième ou le sixième de sa largeur ; creusée d'un sillon transverse très-prononcé après cette partie arquée ; offrant au moins les traces d'un second sillon, suivi d'un relief plus ou moins faible. *Pieds* testacés, plus foncés sur les cuisses, plus clairs sur les autres parties. *Hanches* postérieures un plus élevées que le ventre ; offrant près de l'insertion des cuisses la plus grande dilatation de leur bord supérieur, rétrécies à partir de ce point jusqu'à la moitié, linéaires ensuite : dernier article des tarses postérieurs égal aux deux précédents pris ensemble.

Patrie : le midi de la France (collect. Godart).

Obs. La couleur doit sans doute varier un peu suivant les individus.

L'*A. vestitus* se distingue de quelques espèces voisines par sa couleur à peu près uniforme en dessus, à l'exception de l'intervalle marginal des élytres qui est testacé : par sa carène frontale faiblement arquée, non confondue à sa partie antérieure avec l'épistome ; par la ligne déprimée de sa tête plus saillante sur son disque ; par la grandeur relative des deuxième, troisième et quatrième articles des antennes ; par le septième intervalle des élytres offrant après l'épaule une très-légère carène ; par la forme de la partie sternale de l'antépectus et par celle de ses hanches postérieures.

Athous cylindricollis.

Corps d'un rouge testacé, plus foncé ou nébuleux sur le disque du prothorax et des élytres, plus pâle sur les côtés ; garni de poils fins et d'un cendré fauve. Tête et prothorax marqués de points assez gros ou médiocres : la première, déprimée sur le front. Arête frontale obtusément tronquée en devant ; un peu avancée au dessus de l'épistome qui reste distinct. Deuxième article des antennes égal aux deux tiers du troisième. Elytres à stries ponctuées. Intervalles assez finement ponctués ; presque plans. Dessous du corps brunâtre sur l'antépectus, d'un flave rouge sur le reste. Partie prosternale à deux sillons transverses : le deuxième presque obsolète ; arquée en devant : la partie arquée plus longue que l'espace séparant les sillons.

♂. Corps subparallèle. Antennes prolongées au moins jusqu'à la moitié du corps ou aux deux cinquièmes des élytres; à articles allongés, peu dentés ; le dernier cinq ou six fois aussi long qu'il est large. Prothorax à peine élargi d'avant en arrière, graduellement un peu plus large après la moitié de sa longueur, ou au moins aussi large à celle-ci que vers les angles postérieurs ; d'un quart plus large sur son milieu qu'il est large à la base ; peu convexe ; à peine muni d'une petite dent à ses angles postérieurs. Elytres subparallèles, à peine plus larges vers la moitié de leur longueur; obtusément arrondies à l'extrémité ; peu convexes. Intervalles ruguleux.

♀. Inconnue.

Long. 0,0112 (5 l.). larg. 0,0033 (1 1/2 l.).

Corps allongé : presque parallèle ; peu convexe (♂) ; garni de poils assez fins, peu épais, couchés ou presque couchés, cendrés ou d'un cendré fauve. *Tête* d'un rouge testacé ou d'un rouge testacé brunâtre; creusée d'une dépression naissant du milieu du front et graduellement élargie jusqu'à l'arête frontale ; marquée de points assez gros sur la partie déprimée, un peu moins gros postérieurement. *Arête frontale* obtusément tronquée ou très-obtusément arquée en devant ; avancée au-dessus de l'épistome : celui-ci court, perpendiculaire et distinct sur toute la largeur de l'arête frontale. *Mandibules* d'un rouge brun, à extrémité noire ou obscure. *Palpes* d'un flave testacé ou d'un testacé rougeâtre. *Antennes* prolongées au moins jusqu'à la moitié du corps (♂) ; pubescentes ; d'un flave testacé ; à deuxième article égal aux deux tiers du troisième : celui-ci à peu près égal aux deux tiers du quatrième. *Prothorax* presque tronqué en devant, sinué derrière chaque œil ; à angles postérieurs médiocrement prolongés en arrière, en ligne droite à leur côté externe, en ligne arquée à l'interne, un peu obtus, muni d'une très-petite dent dirigée en dehors ; ponctué, à peine plus finement que la partie postérieure de la tête ; muni latéralement d'un rebord très-étroit entièrement visible en dessus, au moins chez le ♂ ; offrant vers sa moitié la trace d'une ligne médiane ; d'un rouge testacé brun ou d'un brun rouge testacé, plus clair sur les côtés, plus obscur sur le milieu ; pubescent. *Écusson* obtusément arrondi à l'extrémité ; subconvexe ; ponctué ; pubescent ; brun. *Elytres* un peu plus larges en devant que le prothorax à ses angles postérieurs ; deux fois et quart environ aussi longues que lui ; à neuf stries prononcées, un peu affaiblies d'avant en arrière, assez étroites, marquées de points à peu près aussi larges que longs, ne les débordant pas ou les débordant à peine : les troisième à cinquième un peu plus profondes en devant : les sixième et septième presque avancées jusqu'à la base : la huitième, plus courte en devant : la neuvième, un peu sinuée depuis les épaules jusqu'au tiers ; d'un rouge testacé, plus pâle d'avant en arrière, plus foncé ou plus obscur près de la suture, plus pâle sur les côtés. *Intervalles* presque plans ; finement ponctués ; à pubescence presque mi-hérissée : le dixième, réduit au rebord jusqu'au tiers ou aux deux cinquièmes, au moins aussi large postérieurement que le neuvième vers son extrémité. *Repli* testacé ; près d'une fois plus large que le postépisternum vers la moitié de la longueur de celui-ci ; presque réduit à une tranche sur les côtés du ventre, offrant néamoins ses deux bords distincts ; élargi vers l'extrémité. *Dessous du corps* d'un brun rouge testacé ou d'un rouge testacé brun sur l'antépectus, d'un rouge testacé graduellement plus pâle ou passant au flave rougeâtre sur les autres parties ; ponctué, moins finement sur l'antépectus que sur les autres parties ; peu densement garni de poils fins, cendrés et couchés. *Partie sternale de l'antépectus* creusée, vers sa partie antérieure, de deux sillons transverses, dont le second en partie obsolète ; obtusément arquée à son bord antérieur : cette partie arquée aussi longue dans son milieu que le cinquième environ de la longueur du sillon. *Pieds* d'un flave rougeâtre ; pubescents : hanches postérieures un peu plus élevées que le ventre; offrant près de l'insertion des cuisses la plus grande dilatation de leur bord supérieur, rétrécies en ligne un peu courbe, à partir de ce point jusqu'à la moitié de leur largeur, linéaires dans la moitié extérieure. *Dernier article des tarses* à peu près aussi grand que les deux suivants réunis.

Patrie : les environs de Bordeaux (collect. Perroud).

Obs. L'*A. cylindricollis* se distingue de l'*A. subtruncatus* par son prothorax et ses élytres d'une couleur presque uniforme ; par la longueur proportionnelle des deuxième et troisième articles des antennes ; par le deuxième sillon de la partie sternale de l'antépectus, presque oblitéré. Il s'éloigne de l'*A. vestitus* par la couleur de ses élytres ; par son arête frontale obtusément tronquée ; par le troisième article des antennes proportionnellement plus court.

Athous subtruncatus.

Corps garni en dessus d'une pubescence d'un cendré fauve (♂ ♀). Tête et prothorax marqués de points assez gros : la première déprimée sur le front ; d'un fauve testacé, avec la partie postérieure obscure. Arête frontale presque tronquée en devant ; un peu avancée au dessus de l'épistome qui reste distinct. Deuxième et troisième articles des antennes courts, presque égaux. Prothorax brun, orné de chaque côté d'une bande longitudinale testacée. Elytres brunes près de la suture et sur le neuvième et partie du huitième intervalle, testacées sur le reste ; à stries ponctuées. Intervalles assez finement ponctués ; presque plans. Dessous du corps brun sur l'antépectus. Ventre et pieds, testacés. Partie prosternale à deux sillons transverses, arquée en devant : cette portion arquée plus longue que l'espace séparant les sillons.

♂. Taille ordinairement moins avantageuse. Corps plus étroit ; un peu plus pubescent. Antennes prolongées environ jusqu'au cinquième des élytres ; à articles proportionnellement plus allongés, moins dilatés, moins dentés : le dernier trois ou quatre fois aussi long qu'il est large. Prothorax un peu rétréci d'arrière en avant sur le cinquième antérieur, subparallèle jusqu'à la sinuosité, vers les trois quarts de la longueur, un peu élargi ensuite d'avant en arrière ; d'un cinquième plus long sur son milieu qu'il est large à sa base ; peu convexe ; à peine muni d'une petite dent relevée à ses angles postérieurs. Elytres subparallèles ou plutôt faiblement rétrécies jusqu'aux quatre septièmes de leur longueur; plus sensiblement rétrécies ensuite, assez étroites à l'extrémité ; peu convexes. Intervalles ruguleux ; plus densement garnis de poils mi-hérissés. Repli offrant ses deux bords plus égaux, plus distincts sur une plus grande étendue. Premier article des tarses postérieurs aussi long que les deux suivants réunis.

♀. Corps d'une taille un peu plus avantageuse; plus parallèle; plus sensiblement convexe ; à peine moins pubescent. Antennes à peine prolongées au delà des angles postérieurs du prothorax ; à articles proportionnellement moins allongés, plus dilatés : le dernier, deux fois et demie à trois fois aussi long qu'il est large. Prothorax sensiblement arqué sur les côtés jusqu'à la sinuosité, parallèle ensuite ; armé à l'extrémité de ses angles postérieurs d'une petite dent dirigée en dehors et très-distincte ; moins d'un cinquième plus long sur son milieu qu'il est large à la base ; médiocrement convexe. Elytres parallèles jusqu'aux trois quarts de leur longueur, obtusément arrondies à l'extrémité ; médiocrement convexes. Intervalles moins densement et moins ruguleusement pointillés ; moins pubescents. Repli offrant son bord interne moins distinct, en partie voilé par les côtés du ventre. Premier article des tarses postérieurs à peine aussi long que les deux suivants réunis.

Elater marginalis var. (Dahl.) (Dej.) Catal. (1833) p. 90.
Athous parallelus (Dejean.) Catal. (1833) p. 90. — *Id.* (1837) p. 101.

Long. 0,0090 à (4 l.) Larg. 0,0018 (4/5 l.)

Corps allongé ; presque parallèle ; peu (♂) ou médiocre^m

ment (♀) convexe ; garni de poils assez fins, peu épais, d'un fauve cendré, en partie mi-couchés (♂ ♀). *Tête* d'un rouge brun, avec la partie postérieure plus obscure ; creusée d'une dépression naissant au milieu du front et graduellement élargie jusqu'à l'arête frontale ; marquée de points assez gros, presque réticuleux. *Arête frontale* obtusément tronquée ou très-obtusément arquée en devant ; un peu avancée au-dessus de l'épistome : celui-ci court, perpendiculaire et distinct, sur toute sa largeur, de l'arête frontale. *Mandibules* d'un rouge brun, à extrémité noire. *Palpes* d'un rouge testacé, à dernier article souvent obscur. *Antennes* pubescentes ; d'un brun de poix ou d'un brun rouge ; à deuxième et troisième articles presque égaux, plus étroits que les suivants : le troisième, de moitié moins long que le quatrième. *Prothorax* presque tronqué en devant ; à angles postérieurs médiocrement prolongés, un peu obtus et munis vers leur extrémité d'une petite dent dirigée en dehors ; ponctué, à peine plus finement que la tête ; muni latéralement d'un rebord étroit, peu visible en dessus dans sa moitié antérieure ; sans trace de ligne médiane ; brun, d'un brun rougeâtre ou d'un brun de poix ; orné de chaque côté, d'une bande longitudinale d'un rouge testacé ou d'un rouge brunâtre, s'étendant depuis le bord externe jusqu'au côté interne des yeux ; pubescent. *Ecusson* obtusément arrondi à l'extrémité ; subconvexe ; marqué de points assez gros et presque contigus ; brun ou d'un brun noir. *Elytres* un peu plus larges en devant que le prothorax à ses angles postérieurs ; deux fois à deux fois et quart aussi longues que lui ; à neuf stries prononcées, un peu affaiblies d'avant en arrière, assez étroites, marquées de points plus longs que larges, ne les débordant pas : les troisième à cinquième un peu plus profondes en devant : les sixième à huitième, à peine ou moins avancées en devant jusqu'à la base : la neuvième un peu sinuée depuis l'épaule jusqu'au tiers ; d'un brun de nuance variable, soit obscur, soit tirant sur le rougeâtre sur le deuxième et ordinairement sur le troisième intervalle, sur le neuvième, les deux cinquièmes antérieurs du huitième et parfois sur une partie du septième, testacées sur le reste. *Intervalles* presque plans ; assez finement ponctués ; à pubescence mi-hérissée : le dixième, presque nul jusqu'aux deux cinquièmes de sa longueur, plus étroit postérieurement que le neuvième. *Repli* testacé ; un peu moins étroit que le postépisternum vers la moitié de celui-ci ; presque réduit à une tranche sur les côtés du ventre, offrant néanmoins sur la majeure partie de ceux-ci deux bords distincts. *Dessous du corps* brun ou d'un brun noir sur l'antépectus, avec la partie sternale de celui-ci souvent un peu moins foncée, d'un rouge brun sur les autres parties pectorales, testacé ou d'un fauve testacé sur le ventre ; ponctué moins finement sur l'antépectus que sur le reste ; peu densement garni de poils fins, cendrés et couchés. *Partie sternale de l'antépectus* creusée, vers sa partie antérieure, de deux sillons transverses ; obtusément arquée à son bord antérieur : cette partie arquée aussi longue dans son milieu que le sixième environ de la largeur du sillon. *Pieds* d'un testacé encore plus clair que le ventre ; pubescents : hanches postérieures un peu plus élevées que le ventre ; offrant près de l'insertion des cuisses la plus grande dilatation de leur bord supérieur, rétrécies à partir de ce point jusqu'à la moitié de leur largeur, linéaires dans la moitié extérieure. *Dernier article des tarses* aussi grand que les deux suivants réunis.

Patrie : le Midi de la France (collect. Godart).

Obs. La couleur varie un peu de teinte ; les parties brunes sont ordinairement un peu plus obscures chez le ♂ et font ressortir davantage les parties testacées.

Les élytres ont ordinairement les deuxième et troisième intervalles bruns; souvent le sutural est presque de la même couleur, surtout chez la ♀ ; d'autres fois au contraire le troisième est en majeure partie ou entièrement testacé, principalement chez le ♂. Le septième a souvent ses deux cinquièmes antérieurs bruns du côté externe ; d'autres fois il est entièrement testacé : le huitième est brun sur les deux cinquièmes antérieurs moins le sixième voisin de la base : le neuvième est brun, mais d'une teinte moins obscure postérieurement : le dixième ou marginal est testacé, au moins en majeure partie.

L'*A. subtruncatus* se distingue des autres espèces voisines par son prothorax paré de chaque côté d'une bande longitudinale testacée, de largeur à peu près égale ; par ses élytres testacées sur leur région longitudinale médiaire, brunes près de la suture et près du bord extérieur ; par sa carène frontale presque tronquée ou très-obtusément arquée en devant, non confondue vers le milieu de son bord antérieur avec l'épistome qu'elle ombrage un peu et qui reste distinct sur toute sa largeur ; par les deuxième et troisième articles des antennes presque égaux ; par son prothorax sans traces de ligne médiane ; par la partie sternale de son antépectus creusée de deux sillons transverses presque également prononcés ; par la forme de ses hanches postérieures.

Cette espèce est désignée dans le catalogue Dejean sous le nom de *parallelus*, déjà employé par Say pour une autre espèce d'*Athous*.

Athous analis.

Dessus du corps ordinairement brun ou brun fauve, quelquefois testacé ; pubescent (♂ ♀). Tête et prothorax ponctués : la première, plane sur le front. Arête frontale tronquée en devant, saillante au dessus de l'épistome qui reste distinct. Deuxième et troisième articles des antennes presque égaux, plus courts que le quatrième. Prothorax à peine rebordé latéralement ; à peine muni d'une petite dent aux angles postérieurs. Elytres à stries ponctuées: Intervalles ruguleusement pointillés. Repli à deux bords distincts sur les côtés du ventre. Partie sternale de l'antépectus arquée en devant : cet arc aussi long dans son milieu que le tiers de sa largeur. Partie postérieure du ventre, antennes, jambes et tarses, testacés.

♂. Corps plus étroit, moins convexe. Antennes prolongées

environ jusqu'au cinquième des élytres ; à articles plus allongés, proportionnellement plus grêles : le dernier, trois fois au moins aussi long qu'il est large dans son milieu. Prothorax subparallèle, à peine élargi d'avant en arrière jusqu'à la moitié, faiblement rétréci ensuite jusqu'à la sinuosité , puis légèrement élargi d'avant en arrière, aussi large à ses angles postérieurs que vers la moitié de sa longueur ; d'un quart environ plus long sur son milieu qu'il est large à la base ; très-médiocrement convexe. Elytres presque parallèles jusqu'aux deux tiers, rétrécies ensuite en ligne graduellement plus courbe ; peu convexes. Deuxième sillon transversal de la partie sternale ordinairement faible, parfois peu distinct.

♀ Corps plus large , plus sensiblement convexe. Antennes à peine prolongées au delà des angles postérieurs du prothorax ; à articles moins allongés, un peu plus dilatés au côté interne, obtusément subdentées à ce côté ; à dernier article deux fois ou deux fois et quart aussi long qu'il est large dans son milieu. Prothorax sensiblement arqué sur les côtés depuis les angles de devant jusqu'à la subsinuosité, subparallèle ensuite, moins large aux angles postérieurs que vers la moitié de sa longueur ; d'un cinquième environ plus long sur son milieu qu'il est large à la base ; médiocrement convexe. Elytres subsinueusement élargies jusque vers la moitié de leur longueur , rétrécies ensuite en ligne graduellement plus courbe ; très-médiocrement convexes. Intervalles moins ruguleux. Deuxième sillon de la partie sternale de l'antépectus moins prononcé que l'antérieur, mais toujours distinct.

Athous analis (Rey). in. collect.

Long. 0,0078 à 0,0106 (3 1/2 à 4 3/4). Larg. 0,0016 à 0,0022 (2/3 à 1 l.)

Corps allongé ; subparallèle ; pubescent (♂ ♀). Ordinairement brun en dessus, avec les angles antérieurs et postérieurs du prothorax testacés ; mais souvent d'une teinte moins sombre surtout sur les élytres, et alors d'un brun fauve , d'un fauve brunâtre, d'un fauve testacé ou même testacé. *Tête* marquée de points serrés et assez gros ; plane ou à peine déprimée sur le front. *Arête frontale* tronquée en devant, avec ses extrémités légèrement relevées et subarrondies ; tranchante à son bord antérieur ; avancée au dessus de l'épistome qui est perpendiculaire et distinct de l'arête sur toute sa largeur. *Labre* d'un rouge testacé ; pointillé ; cilié. *Mandibules* et *palpes* testacés : les premières, obscures à l'extrémité. *Antennes* testacées ou d'un testacé pâle ; pubescentes ; subcomprimées ; à deuxième et troisième articles plus courts, plus étroits, presque égaux : le troisième souvent variablement un peu plus long que le deuxième, égal environ aux deux tiers du suivant : les quatrième à dixième obtriangulaires : le quatrième , le plus large, le plus dilaté à son côté interne, le moins obtus à son angle antéro-interne : les suivants, un peu arqués à leur côté interne. *Prothorax* presque tronqué en devant, avec les angles antérieurs déclives ; subsinué sur les côtés vers les quatre cinquièmes ou un peu plus de sa longueur; à angles postérieurs un peu obtus, médiocrement prolongés, terminés par une petite dent relevée ou dirigée en dehors et à peine sensible ; à peine rebordé sur les côtés, surtout vers la moitié de ceux-ci ; pubescent ; n'offrant pas ou offrant à peine les traces d'une ligne longitudinale médiaire ; un peu moins grossièrement ponctué que la tête ; ordinairement brun, avec les angles testacés ou d'un fauve testacé, mais souvent d'une teinte plus claire. *Ecusson* de la couleur des étuis ; pointillé ; subconvexe. *Elytres* un peu plus larges en devant que le prothorax à ses angles postérieurs ; une fois plus longues que lui ; à neuf stries assez prononcées , à peine affaiblies d'avant en arrière, marquées de points crénelant à peine les intervalles : la première aussi prononcée que les autres , subsulciforme sur une partie de sa longueur : les sixième à huitième, non avancées jusqu'à la base :

la neuvième la plus profonde de toutes. *Intervalles* ruguleusement pointillés ; pubescents : les troisième à cinquième légèrement convexes en devant, surtout chez la ♀ : le dixième presque aussi large vers les deux tiers de sa longueur que l'intervalle voisin. *Repli* de la couleur des étuis ; une fois environ plus large que le postépisternum vers la moitié de celui-ci ; presque réduit à une tranche sur les côtés du ventre, mais offrant néanmoins ses deux bords distincts. *Dessous du corps* brun, chez les individus ayant acquis toute leur couleur, ou brun sur les médi et postpectus et d'un brun fauve sur le reste, avec la partie postérieure du dernier arceau ventral testacé ; parfois presque entièrement de cette couleur, chez les variétés les plus claires ; ponctué moins finement sur l'antépectus que sur les autres parties ; garni de poils fins et couchés. *Partie sternale de l'antépectus* arquée et relevée à son bord antérieur : cet arc aussi long sur son milieu que le tiers de sa largeur ; creusée d'un sillon transversal limitant la partie arquée et, un peu après, d'un autre plus faible : l'espace séparant les deux sillons plus court que la partie antérieure arquée : fossette de la partie postérieure du métasternum réduite à un point. *Pieds* fauves sur les cuisses, testacés sur les jambes et les tarses, avec les cuisses parfois de même couleur chez les variétés pâles : hanches postérieures à peine plus élevées que le niveau du ventre ; offrant vers le point d'insertion des cuisses la plus grande dilatation de leur partie supérieure : cette partie graduellement rétrécie ensuite jusqu'à la moitié, linéaires dans leur moitié externe : deuxième et troisième articles des tarses garnis en dessous de poils fins et allongés, simulant une sorte de sole s'avançant sur l'article suivant : premier article des postérieurs aussi long que les deux suivants réunis : le quatrième, très-court : le dernier aussi grand que les deux précédents, pris ensemble.

Cette espèce a été prise par M. Cl. Rey, dans les environs de Hyères et de Marseille, en juin.

Obs. Elle varie beaucoup sous le rapport de la teinte et présente toutes les nuances entre le brun et le testacé.

L'*A. analis* se distingue des autres espèces voisines par son arête frontale tronquée, avec les extrémités légèrement relevées, non confondue avec l'épistome ; par les articles cinquième à dixième de ses antennes légèrement arqués à leur côté interne ; par son prothorax à peine rebordé, peu ou point muni d'une petite dent à l'extrémité, sans trace bien distincte de ligne médiane ; par ses élytres offrant le dixième intervalle presque égal au neuvième vers les deux tiers de sa longueur ; par le développement de l'arc de sa partie prosternale ; par le trou situé à l'extrémité de la ligne médiane du métasternum réduit à une sorte de point enfoncé.

Athous olbiensis.

Noir, garni d'une pubescence cendrée et peu épaisse qui lui donne une teinte d'un noir grisâtre. Tête et prothorax marqués de points assez gros : la première, déprimée sur le front. Arête frontale épaissie, échancrée dans son milieu, avancée au dessus de l'épistome qui reste distinct. Troisième et quatrième articles des antennes presque égaux : le deuxième, court. Prothorax offrant les traces d'une ligne médiane légère et raccourcie. Ecusson caréné longitudinalement. Elytres à stries étroites et ponctuées : les sixième à huitième, non avancées jusqu'à la base. Intervalles rugueusement ponctués ; plans : le septième faiblement caréné après l'épaule. Partie sternale de l'antépectus à un sillon transversal, avec la partie antérieure obtusément arquée.

Long. 0,0078 à 0,0084 (3 1/2 à 3 3/4 l.). Larg. 0,0017 à 0,0018 (3/4 à 4/5 l.).

Corps allongé ; noir, garni d'une pubescence cendrée peu épaisse, le faisant paraître d'un noir grisâtre. *Tête* couverte de points confluents, assez gros, rugueux ; déprimée sur le front ; à arête frontale relevée, renflée ou épaissie et échancrée dans son milieu, avancée au dessus de l'épistome : celui-ci court, perpendiculaire. *Mandibules* et *palpes* en partie ferrugineux, noirâtre à l'extrémité. *Antennes* un peu plus longuement prolongées que les angles postérieurs du prothorax ; noires, pubescentes; comprimées ; à deuxième et troisième articles plus étroits que les quatrième et cinquième : le deuxième, court : les troisième et dixième presque égaux en longueur : les quatrième à dixième graduellement plus étroits. *Prothorax* tronqué en devant, avec les angles antérieurs un peu avancés ; presque parallèle, un peu plus étroit en devant ; à angles postérieurs médiocrement prolongés en arrière, un peu obtus ; d'un quart plus long qu'il est large ; muni latéralement d'un rebord étroit, peu visible en dessus dans la moitié antérieure ; marqué d'une ponctuation analogue à celle de la tête, plus serrée sur les côtés que sur le disque ; offrant sur les deux tiers antérieurs de sa ligne médiane les traces d'une raie légère. *Ecusson* plus long que large ; obtusément arrondi à l'extrémité ; pointillé ; pubescent ; chargé longitudinalement d'une carène médiane. *Elytres* un peu plus larges en devant que le prothorax ; deux fois et quart à deux fois et demie aussi longues que lui; presque parallèles jusqu'aux trois quarts, rétrécies ensuite en ligne graduellement plus courbe jusqu'à l'angle sutural ; peu convexes sur le dos ; à neuf stries étroites, affaiblies d'avant en arrière, marquées de points ne les débordant pas : les sixième, septième et huitième non avancées jusqu'à la base. *Intervalles* rugueusement et finement ponctués ; plans : le septième chargé au dessus de l'épaule, d'une légère carène. *Repli* aussi étroit jusqu'à son rebord interne que le postépisternum vers le milieu de sa longueur ; réduit, à partir du bord postérieur du premier arceau ventral, à peu près à une tranche, offrant néanmoins ses deux bords distincts à un grossissement suffisant. *Dessous du corps* parcimonieusement pubescent et de la couleur du dessus ; marqué de points plus serrés et moins petits sur l'antépectus que sur le reste : partie sternale de l'antépectus obtusément arquée en devant, un peu relevée jusqu'au sillon transversal servant de limite à ce rebord, offrant dans son milieu une longueur égale au tiers de sa largeur. *Pieds* noirs, avec les tarses d'un ferrugineux obscur : hanches postérieures dilatées médiocrement et presque uniformément sur la moitié interne de leur bord supérieur, rétrécies ensuite et réduites presque à rien à leur extrémité marginale : premier article des tarses un peu plus long que le deuxième : le dernier moins long que les deux précédents réunis.

PATRIE : Hyères (collect. Rey); Provence (collect. Gacogne).

OBS. Cette espèce se distingue des voisines par sa couleur, par la carène de l'écusson , surtout par son arête frontale échancrée et par le septième intervalle légèrement caréné.

Cardiophorus versicolor.

Suballongé ; d'un noir gris ; revêtu en dessus d'un duvet long, soyeux, d'un gris flavescent, luisant et mi-doré à certain jour. Antennes, palpes, jambes et tarses d'un rouge ferrugineux ou testacé. Tête déprimée en devant. Arête frontale semi-hexagonale, un peu avancée au dessus de l'épistome qui reste distinct. Prothorax à deux petites entailles au devant de l'écusson ; fendu longitudinalement vers chaque sixième externe de la base ; à peine déprimé sur le milieu de la ligne médiane. Elytres à stries ponctuées : les troisième et quatrième,et cinquième et sixième,postérieurement unies et plus courtes. Partie sternale de l'antépectus tronquée et relevée, en devant.

Long. 0,0100 (4 1/2 l.). Larg. 0,0029 (1 1/3 l.).

Corps suballongé ; d'un noir gris ; finement ponctué en dessus et revêtu d'un duvet long , soyeux, d'un gris flavescent, luisant et mi-doré à certain jour. *Tête* déprimée en devant. *Arête frontale* en demi-hexagone ou en angle largement tronqué en devant ; un peu avancée au dessus de l'épistome qui est perpendiculaire et reste distinct sur toute sa largeur. *Labre*, *palpes* et *mandibules* d'un rouge ferrugineux ou testacé : ces dernières noirâtres à l'extrémité. *Antennes* à peine plus longuement prolongées que les angles postérieurs du prothorax ; d'un rouge ferrugineux ou testacé ; pubescentes ; comprimées ; à deuxième article égal à environ la moitié du troisième : celui-ci, à peu près égal aux suivants : les troisième à dixième obtriangulaires. *Prothorax* élargi en ligne courbe jusqu'à la moitié de ses côtés, plus faiblement rétréci ensuite en ligne presque droite ; à peine sinué au devant des angles postérieurs ; médiocrement prolongé à ceux-ci; à deux petites entailles au devant de l'écusson ; échancré entre cette partie antéscutellaire et chaque angle postérieur ; rayé, vers chaque sixième externe de la base, d'une ligne un peu obliquement longitudinale, parallèle au bord externe, avancée environ jusqu'au cinquième postérieur de la longueur ; à peine aussi long sur son milieu qu'il est large à la base ; sans rebord sur les côtés, si ce n'est aux angles postérieurs ; médiocrement convexe ; peu sensiblement déprimé sur le milieu de sa ligne médiane ; pointillé ; d'un noir gris, revêtu d'un duvet couché de différents côtés. *Ecusson* revêtu d'un duvet semblable ; cordiforme. *Elytres* deux fois et quart environ aussi longues que le prothorax ; presque parallèles du sixième aux quatre septièmes de leur longueur, postérieurement rétrécies ; très-médiocrement convexes ; d'un noir gris ; revêtues d'un duvet moins épais et moins flavescent qne celui du prothorax ; à stries ponctuées : la cinquième sulciforme en devant : la neuvième, sur toute sa longueur : la sixième, réduite sur le calus à une rangée de points : les septième et huitième un peu plus courtes en devant : les troisième et quatrième, et cinquième et sixième, postérieurement unies par paires et plus courtes. *Intervalles* à peu près plans ; pointillés. *Repli* uniformément étroit à partir du premier arceau ventral jusqu'à l'extrémité. *Dessous du corps* d'un noir gris ; pointillé ; garni d'un duvet gris cendré, moins épais et plus court que celui du dessus. *Partie sternale de l'antépectus* tronquée et relevée en devant : *Pieds* pubescents ; d'un noir gris ou brun gris sur les cuisses ; hanches antérieures, genoux, jambes d'un rouge ferrugineux ou d'un fauve testacé : tarses testacés.

Patrie : le midi de la France.

Obs. Cette espèce se distingue des espèces voisines par son duvet long, soyeux, châtoyant.

Diacanthus aeratus.

Allongé ; peu convexe ; bronzé en dessus et en dessous ; garni de poils fins d'un cendré flave ou mi-doré. Tête notée d'une fossette sur le milieu du front: bord antérieur de celui-ci avancé et tronqué dans son milieu, rétréci et sinué sur les côtés. Epistome indistinct. Antennes noires ; à deuxième article égal aux deux tiers du quatrième : le troisième, un peu moins court. Prothorax offrant les traces d'un sillon vers l'extrémité de la ligne médiane. Elytres à stries ponctuées, étroites. Intervalles plans, finement ponctués. Partie sternale de l'antépectus arquée en devant : cet arc aussi long sur son milieu que le quart de sa largeur, suivi d'une dépression transverse au moins aussi longue. Pieds bronzés : genoux et ongles testacés.

Diacanthus aeratus (Cl. Rey.) in collect.

Long. 0,0107 à 0,0112 (4 3/4 à 5 l.). Larg. 0,0026 (1 1/5 l.).

Corps allongé ; peu convexe ; bronzé, luisant, et garni de poils couchés, flavescents, mi-dorés, en dessus. *Tête* déclive ; marquée d'assez gros points, plus serrés sur sa partie postérieure que sur l'antérieure ; notée d'une fossette sur le milieu du front; tronquée et plus avancée sur la partie médiaire de son bord antérieur, rétrécie et sinuée sur les côtés de celui-ci ; peu ou point saillante au dessus du labre. *Epistome* indistinct. *Labre, mandibules* et *palpes maxillaires,* bronzés. *Mâchoires* testacées, pâles. *Antennes* prolongées un peu au delà des angles postérieurs du prothorax ; comprimées ; un peu pubescentes ; d'un noir un peu bronzé ; à deuxième et troisième articles plus étroits : le deuxième à peu près égal aux deux tiers du quatrième : le cinquième, un peu moins court : les quatrième à dixième obtriangulaires. *Prothorax* sinué sur les côtés près de la base des angles postérieurs ; élargi d'avant en arrière en ligne légèrement arquée depuis les angles de devant jusqu'à la sinuosité, offrant sur cet espace sa plus grande largeur vers les trois cinquièmes ou deux tiers de sa longueur, élargi d'avant en arrière depuis la sinuosité jusqu'à l'extrémité des angles postérieurs où il offre sa plus grande largeur ; médiocrement prolongé et un peu obtus à ces angles ; un peu plus ou à peine plus long sur son milieu qu'il est large à l'extrémité de ses angles postérieurs ; très-médiocrement convexe ; garni de points plus petits et moins serrés que ceux de la tête, donnant, comme ceux-ci, naissance à un poil flavescent ; offrant les traces d'un léger sillon vers l'extrémité de la ligne médiane. *Ecusson* pointillé ; pubescent ; légèrement déprimé sur son disque. *Elytres* de la largeur, après les épaules, du prothorax à ses angles postérieurs ; deux fois environ aussi longues que lui ; subparallèles ou à peine élargies jusqu'aux quatre septièmes, rétrécies ensuite en ligne graduellement plus courbe jusqu'à l'angle sutural ; peu convexes sur le dos ; bronzées et pubescentes comme le prothorax ; à neuf stries à peine avancées en devant jusqu'au niveau de la moitié de l'écusson : ces stries étroites, marquées de points ne les débordant pas : les quatre premières plus prononcées en devant ; la neuvième sulciforme. *Intervalles* plans ; pointillés. *Repli* bronzé ; de moitié plus large que le postépisternum, vers le milieu de celui-ci ; uniformément à peine plus large que la moitié du postépisternum sur les côtés du ventre. *Dessous du corps* d'un bronzé à peine plus obscur que le dessus ; garni de poils fins et couchés, cendrés ou d'un cendré flavescent ; moins finement ponctué sur l'antépectus que sur le reste. *Partie sternale de l'antépectus* obtusément arquée et un peu relevée, en devant : cette partie arquée rebordée, aussi longue dans son milieu que le quart de sa largeur, suivie d'une dépression transversale à peine plus développée dans le sens de la longueur que la partie arquée ; chargée longitudinalement sur son milieu, après cette dépression, d'une carène à peine apparente à certain jour. *Pieds* bronzés, pubescents, avec les genoux, les ongles et l'extrémité du dessus des deuxième à quatrième articles des tarses testacés. Hanches postérieures offrant vers l'insertion des cuisses la plus grande dilatation de leur partie supérieure, graduellement rétrécies de ce point à leur côté externe : premier article des tarses postérieurs près de moitié plus grand que le suivant.

Patrie : le Mont-Pilat (collect. Rey).

Obs. Cette espèce se rapproche du *D. metallicus* par sa couleur ; mais elle en diffère par sa structure plus étroite ; par la couleur de ses antennes, par les proportions des deuxième et troisième articles ; par la forme de la partie antérieure de la région sternale de l'antépectus, par la couleur des pieds, etc.

NOTES POUR SERVIR A L'HISTOIRE

DE

L'AMPHIMALLUS MARGINATUS,

PAR

E. MULSANT ET VALÉRY MAYET.

Présentées à la Société Linnéenne de Lyon, le 9 juillet 1855.

Larve hexapode ; courbée. *Tête* convexe ; d'un roux livide, lisse ou à peine hérissée de quelques poils peu apparents : épistome en parallélipipède transverse. Labre élargi depuis sa base jusqu'à sa moitié, en ogive en devant, rugueux ou râpeux sur sa surface, cilié. *Mandibules* subcornées et d'un roux livide à la base ; noires et cornées à l'extrémité, tronquées à celle-ci de manière à se joindre et à faire l'office de tenaille coupante, quand elles se rapprochent. *Mâchoires* presque pédiformes, naissant près du bord postérieur de la partie inférieure de la tête; anguleusement dirigées en dehors dans leur milieu ; embrassant les côtés du menton dont elles voilent les bords, et la partie antérieure ; à un seul lobe, munies à leur côté interne de cils spinosules et de nombreuses petites dents qui s'entrecroisent pour diviser plus facilement les matières alimentaires. *Palpes maxillaires* filiformes ; de trois articles. *Antennes* plus longuement prolongées que la partie antérieure des mandibules; filiformes ; de quatre articles, non compris le nodule basilaire : le premier article cylindrique, moins long que le deuxième : celui-ci quatre fois aussi long que large, cylindrique : le troisième un peu plus long que le premier, prolongé en forme de dent au dessous du quatrième : celui-ci ovalaire. *Corps* courbé en arc ; composé de douze arceaux ; les dix premiers blancs, ridés et garnis en dessus de poils roux, sétulosules : le onzième presque glabre : le douzième ardoisé, tronqué à l'extrémité, garni vers celle-ci de poils roux spinosules : anus offrant une fente longitudinalement dirigée en bas : et de chaque côté une ligne transversale ou un peu remontante. *Dessous du corps* hérissé de poils flexibles, clair-semés. *Pieds* allongés, d'un blanc livide ; cuisses plus longues que les jambes : celles-ci paraissant composées de deux pièces non articulées ; garnies de poils roux spinosules. *Tarses* terminés par un ongle ; renflés en dessous dans leur milieu ; plus épineux que les jambes.

Ces larves, trouvées dans l'automne de 1854, ont été tenues dans une terre modérément humectée, sur laquelle nous semions de l'orge, dont ces larves rongeaient les racines. Vers le 10 juin 1855, ces larves se construisirent une coque de terre agglutinée, dans laquelle elles se transforment en une nymphe, dont voici la description.

NYMPHE : long. 0,0135 (6 l.)

Corps oblong ; glabre. *Tête* subperpendiculaire. *Antennes* couchées longitudinalement au dessous de la tête, avec la massue verticalement relevée, quand l'insecte est couché sur le dos. *Elytres* et *ailes* déhiscentes : les secondes en majeure partie voilées par les premières; les unes et les autres repliées en dessous, prolongées environ jusqu'au troisième arceau ventral. *Cuisses* transversalement dirigées du côté externe : les quatre antérieures visibles et un peu moins prolongées que le côté extérieur du corps : les postérieures en partie voilées par les organes du vol et un peu plus longuement prolongées que les autres. *Jambes* formant avec les cuisses un angle aigu ; toutes visibles. *Tarses* dirigés d'une manière un peu obliquement longitudinale ; convergeant chacun avec leur pareil vers la partie médiane du corps: les postérieurs prolongés presque jusqu'à l'extrémité du ventre. *Abdomen* offrant en dessus neuf arceaux visibles, offrant vers le troisième sa plus grande largeur, graduellement rétréci à partir de celui-ci : les six premiers courts, à peu près égaux : les trois derniers graduellement plus longs : le dernier terminé par une pointe cornée, servant à l'insecte à se tourner dans sa coque.

DESCRIPTION

D'UNE

ESPÈCE NOUVELLE DE COLÉOPTÈRE

DE LA TRIBU DES LONGICORNES,

PAR

E. MULSANT et GUILLEBEAU.

(Lue à la Société Linnéenne de Lyon, le 13 août 1855.)

Exocentrus punctipennis.

Dessus du corps d'un rouge brun ou d'un fauve brun. Prothorax arqué à son bord antérieur, garni de poils cendrés et couchés, relevé en forme de carène sur sa ligne médiane. Elytres garnies sur leur moitié antérieure et sur leur quart ou tiers postérieur d'un duvet cendré, parsemées d'espaces ponctiformes dénudés donnant chacun naissance à un poil obscur hérissé ; ornées entre ces deux points d'une bande transversale brune anguleuse, plus prolongée en arrière sur la suture que vers le bord externe. Troisième, quatrième et cinquième articles des antennes annelés.

Long. 0,0056 (2 1/2 l.). Larg. 0,0022 (1 l.).

Corps assez allongé ; médiocrement convexe ; d'un rouge brun ou d'un fauve brun ou brunâtre, et garni de duvet. *Tête* perpendiculaire ou inclinée ; subconvexe ; rayée depuis le bord postérieur jusqu'au niveau de la base des antennes d'une ligne longitudinale médiaire peu profonde ; d'un rouge brun ou brunâtre, garnie de duvet cendré ; hérissée de quelques poils obscurs : labre plus pâle. *Antennes* d'un quart ou d'un tiers plus longues que le corps ; sétacées ; ciliées en dessous ; de onze articles : le premier légèrement renflé vers son milieu, aussi long que le quatrième, moins long que le troisième ; d'un fauve brun, avec les deuxième, troisième, quatrième, cinquième et quelquefois sixième, brièvement annelés de blanc à leur base. *Prothorax* arqué à son bord antérieur ; tronqué à la base ; élargi en ligne courbe jusqu'aux trois cinquièmes de ses côtés, et armé dans ce point d'une épine un peu dirigée en arrière, rétréci en ligne un peu courbée en dedans, à partir de ce point jusqu'au bord postérieur ; rebordé à la base ; plus large que long ; convexe ; d'un rouge brun ou brunâtre ; garni de poils cendrés, couchés, relevés et formant longitudinalement sur la ligne médiane une sorte de carène ; hérissé près des côtés, de quelques poils obscurs. *Ecusson* en triangle à côtés un peu courbés ; rouge brun, revêtu d'un duvet cendré. *Élytres* près d'une fois aussi larges en devant que le prothorax à sa base ; d'un cinquième ou d'un quart plus larges que ce dernier dans son diamètre transversal le plus grand ; trois fois et demie environ aussi longues que lui ; presque parallèles jusqu'à la moitié, faiblement élargies vers les quatre septièmes, subarrondies à l'extrémité (prises ensemble), mais souvent un peu subarrondies chacune à l'angle sutural ; généralement moins contiguës à la suture dans leur cinquième postérieur ; médiocrement convexes ; à fond d'un rouge brun, ou d'un fauve brun ; ornées d'une bande transversale brune, garnie de poils concolores, comme formée sur chaque élytre de deux taches unies : cette bande plus prolongée en arrière sur la suture que près du bord externe, naissant à ce dernier vers la moitié de la longueur, couvrant jusqu'aux deux tiers, naissant aux quatre cinquièmes de la suture et couvrant jusqu'aux cinq septièmes de celle-ci, offrant à son bord antérieur deux angles dirigés en avant sur chaque élytre, l'un aux deux cinquièmes internes, l'autre au sixième de la largeur voisin du bord externe, offrant sur la suture une entaille plus profonde et plus large que les autres comprises entre les angles : cette bande moins sinuée ou moins anguleuse à son bord postérieur, dont la partie suturale est la partie la plus prolongée en arrière ; couvertes sur le reste de leur surface de poils cendrés ou d'un blanc cendré, couchés, parsemées de petits espaces dénudés, circulaires, du milieu de chacun desquels sort un poil obscur ou noirâtre, long, hérissé, un peu dirigé en arrière. *Dessous du corps* d'un brun rouge ou d'un rouge brun , plus pâle sur l'antépectus que sur le ventre ; garni de poils couchés, assez épais, cendrés ou d'un blanc cendré. *Pieds* de la couleur du dessous du corps et garnis comme lui de poils cendrés ; hérissés de quelques poils obscurs sur les jambes et les tarses. *Cuisses* en massue dans leur milieu. *Jambes antérieures* subéchancrées vers le milieu de leur arête inférieure : les intermédiaires, échancrées vers les deux tiers de leur arète supérieure. *Premier article des tarses* presque aussi long que les deux suivants réunis.

Cette espèce se trouve en juillet dans les environs de Lyon ; sa larve vit dans l'orme.

Obs. Elle se distingue facilement des *Ex. balteatus* et *adspersus* par la bande de ses élytres plus prolongée en arrière sur la suture que près du bord externe ; par son prothorax arqué en devant, etc.

Vo ici la description de cet insecte dans ses premiers états :

Larve allongée ; apode ; blanche ; hérissée de poils fins, assez clairsemés , blanchâtres, moins relevés, plus épais et plus apparents sur la moitié antérieure des parties supérieure et inférieure du premier segment. *Tête* parallèle jusqu'au bord antérieur du front ; blanche ; rayée d'une ligne longitudinale médiaire. *Epistome* transversal ; membraneux et d'un blanc livide dans sa partie médiaire, subcorné et d'un rouge brun sur les côtés. *Labre* plus étroit, arqué à son bord antérieur. *Antennes* nulles ; indiquées seulement par une petite fossette ponctiforme. *Mandibules* arquées ; cornées ; brunes ou d'un rouge brun, un peu obtuses à leur extrémité. *Mâchoires* à un lobe, cilié ou garni de poils rigides à son côté interne. *Palpes maxillaires* aussi avancés que le lobe maxillaire ; graduellement rétrécis depuis la base jusqu'à l'extrémité ; de trois articles. *Menton* presque carré. *Languette* échancrée en devant. *Palpes labiaux* peu apparents. *Corps* paraissant composé de treize segments, presque quadrangulaire, subgraduellement rétréci jusqu'au neuvième, faiblement renflé du dixième au douzième : le dernier brusquement plus étroit : le premier, au moins aussi grand que les deux suivants réunis, offrant en devant deux dépressions contiguës sur la ligne médiane, couvrant presque toute sa largeur, prolongées jusqu'à un peu plus de la moitié de sa longueur : les quatrième à dixième offrant en dessus et en dessous un mamelon rétractile servant à la progression. *Stigmates* au nombre de neuf paires : la première près du bord antérieur du deuxième segment : les autres sur les quatrième à dixième anneaux.

Cette larve se creuse des galeries dans l'écorce de l'orme et s'y prépare une retraite pour passer à son second état.

Nymphe allongée ; blanche dans les premiers jours. *Tête* inclinée. *Antennes* prolongées de chaque côté du corps jusques à la moitié environ des organes du vol, où elles se courbent en dedans et reviennent le long de la ligne médiane jusqu'au niveau des cuisses antérieures : ces organes, quand la nymphe offre à la vue sa partie supérieure, passent latéralement sur les deux premières paires de pieds. *Prothorax* moins long que les deux segments suivants. *Abdomen* garni de poils très-clairsemés, fins et peu distincts ; de neuf segments : les six premiers très-distincts, presque égaux, en ligne droite et presque en forme de tranche sur les côtés : les premier et deuxième peu sensiblement relevés à la partie antérieure de leurs côtés : les septième à neuvième, graduellement rétrécis mais distinctement articulés : le dernier tronqué à son extrémité, muni de cinq pointes subcornées : une dans le milieu du bord supérieur : une courbée en dedans à la partie supérieure de chaque bord latéral : une courbée en dehors à la partie inférieure de chaque bord latéral. *Elytres* et *ailes* divergentes, incourbées en dessous, prolongées jusqu'à l'extrémité du quatrième arceau ventral. *Pieds* offrant les cuisses dirigées en dehors d'une manière un peu obliquement transversale, avec les jambes presque appliquées contre les cuisses et les tarses étendus dans la direction de la ligne médiane : les postérieurs prolongés jusqu'à l'extrémité du sixième arceau ventral. Les quatre pieds antérieurs libres et visibles sur le dessous du corps : les cuisses et les jambes des postérieurs voilées, presque jusqu'à l'extrémité, par les organes du vol.

DESCRIPTION

D'UNE

ESPÈCE NOUVELLE DE COLÉOPTÈRE

DU GENRE **ORCHESIA**,

PAR

E. MULSANT et GODART,

(Présentée à la Société Linnéenne de Lyon, le 11 février 1856.)

Orchesia maculata.

Suballongée ; garnie de poils fins, soyeux et couchés. Tête, prothorax et écusson d'un brun noir ou d'un noir brun : celui-ci noté de deux fossettes basilaires. Antennes d'un fauve testacé; à massue en partie obscure de quatre ou cinq articles. Elytres d'un fauve testacé ; marquées chacune de deux taches et d'une bande transversale noire ou noirâtre : la première tache, ovale, discale, sur le second septième de leur longueur : la deuxième, marginale, vers les deux cinquièmes : la bande, vers les deux tiers. Poitrine brune : ventre et pieds d'un fauve testacé.

Long. 0,0056 (2 1/2 l.). Larg. 0,0020 (9/10 l.).

Corps suballongé ; longitudinalement un peu arqué ; peu convexe ; garni de poils fauves , fins et couchés. *Tête* finement ponctuée; pubescente; brune : labre et parties de la bouche d'un fauve testacé. *Palpes* de cette dernière couleur. *Antennes* d'un fauve testacé sur leur première moitié et à l'extrémité du dernier article , brunes sur le reste ; à premier article allongé , renflé : le deuxième un peu plus gros et à peu près aussi long ou à peine moins long que le troisième : les quatre ou cinq derniers constituant une massue fusiforme. *Yeux* noirs ; à grosses facettes ; séparés, l'un de l'autre, dans leur point le plus rapproché, par un espace égal aux deux tiers ou aux trois quarts de celui qui sépare les antennes entre elles, à leur base. *Prothorax* obtusément arqué ou subarrondi en devant ; à angles antérieurs inclinés et invisibles en dessus ; élargi en ligne courbe assez régulière jusqu'aux trois quarts de sa longueur, offrant vers les angles postérieurs ou un peu avant, sa plus grande largeur ; d'un tiers environ plus large à la base qu'il est long sur son milieu ; presque en ligne droite à son bord postérieur, avec les angles à peine courbés en arrière et le tiers médiaire à peine plus prolongé en arrière, à peine sinué de chaque côté de cette partie médiaire qui est tronquée ou plus sensiblement en ligne droite : médiocrement convexe en devant, peu convexe en arrière ; noté, vers chaque quart externe de sa base, d'une fossette longitudinale ou triangulaire assez marquée, avancée jusqu'au tiers postérieur de la longueur ; d'un brun noir ; pointillé d'une manière presque squammuleuse ; garni de poils fauves, fins et couchés. *Ecusson* presque en carré, une fois plus large que long, un peu arqué en arrière à son bord postérieur ; brun ; pointillé ; pubescent. *Elytres*, en devant, de la largeur du prothorax à ses angles postérieurs ; quatre fois environ aussi longues que lui ; subparallèles depuis la base jusqu'à leur milieu, rétrécies ensuite, et plus sensiblement depuis les deux tiers jusqu'à l'angle sutural ; peu convexes sur le dos ; relevées à la suture en un rebord sutural, affaibli près de la base et prolongé à peu près jusqu'à l'extrémité, paraissant, par là, rayées d'une suture juxta-suturale; superficiellement pointillées, presque lisses; garnies de poils d'un fauve testacé, très-fins, soyeux et couchés ; d'un fauve testacé, ornées chacune de deux taches et d'une sorte de bande transversale noires ou d'un noir brun : la première tache, la plus grosse, ovale, couvrant plus du tiers médiaire de la largeur, sur le deuxième septième de la longueur : la deuxième, ponctiforme, située près du bord externe, vers les deux cinquièmes de leur longueur, ordinairement moins marquée ou plus faiblement apparente : la bande, située vers les deux tiers de leur longueur, constituant avec sa pareille une bande un peu arquée en devant, paraissant composée de trois taches subponctiformes liées ensemble. *Repli* prolongé jusqu'à l'extrémité du troisième arceau ventral, où il se réduit à une tranche. *Dessous du corps* brun ou d'un brun fauve sur les parties pectorales, fauve ou d'un fauve testacé sur le ventre ; pointillé ; parcimonieusement pubescent. *Postépisternums* quatre fois aussi longs qu'ils sont larges dans leur milieu. *Pieds* d'un fauve testacé.

PATRIE : la Sicile.

DESCRIPTION

D'UNE

NOUVELLE ESPÈCE DE COLÉOPTÈRE

DU GENRE **BOSTRICHUS**,

PAR

E. MULSANT et Cl. REY.

(Présentée à la Société Linnéenne de Lyon, le 11 juin 1855).

Bostrichus alni.

Elongatus, cylindricus, nitidus, parcè pilosellus, piceus, antennis pedibusque rufo-testaceis; prothorace medio elevato, antice asperato, postice sublævigato; elytris punctatostriatis, apice oblique subretusis, denticulatis.

Long. 0,0035 (1 1/2 l.).

Corps allongé, sublinéaire, cylindrique, couleur de poix, cilié, principalement en avant et sur les côtés, de poils pâles, disposés en séries longitudinales sur les élytres.

Tête verticale, fortement engagée sous le prothorax, légèrement convexe sur le front, longitudinalement subcarénée à sa partie antérieure; d'un brun de poix, quelquefois un peu rougeâtre; finement chagrinée; grossièrement ponctuée; hérissée en devant de longs poils pâles, et transversalement sillonnée à l'épistome. Celui-ci bissinueux à son bord antérieur. *Parties de la bouche* testacées, avec les *mandibules* ferrugineuses à leur base, d'un brun de poix à leur extrémité. *Yeux* noirs, déprimés.

Antennes courtes, à peine de la longueur de la tête, d'un testacé un peu rougeâtre, avec le bouton pâle à son sommet, légèrement pubescent. Le premier article offrant en dessous rtois ou quatre longs poils, et le deuxième, deux semblables : un en dessus, l'autre en dessous.

Prothorax grand, oblong, cylindrique, d'un tiers plus long que large, de la largeur des élytres; élevé et comme gibbeux au milieu de son disque; tronqué à la base, réfléchi sur les côtés qui sont subparallèles; fortement arrondi à son bord antérieur qui est garni d'un liseré pâle, formé de poils courts et serrés; à angles postérieurs arrondis, les antérieurs nuls; d'un noir de poix brillant, quelquefois un peu ferrugineux; glabre, lisse ou obsolètement ponctué à sa moitié postérieure; garni à sa moitié antérieure d'aspérités nombreuses dirigées en arrière, et hérissé de poils pâles, ayant aussi la même direction, plus longs sur le bord apical. On aperçoit en outre de chaque côté, à la base, une impression oblique, obsolète.

Ecusson oblong, très-petit, lisse, d'un brun de poix.

Elytres d'un tiers plus longues que le prothorax, cylindriques, d'un brun de poix brillant, avec une petite tache ferrugineuse au calus huméral; marquées de stries obsolètes, formées de points rugueux, assez gros, assez serrés et peu profonds : les intervalles présentent une ligne de points beaucoup plus petits et plus écartés, souvent peu visibles, et en outre une série de poils pâles et redressés. Enfin elles sont obliquement coupées à leur extrémité, où elles offrent des denticules assez nombreuses, disposées sur trois séries longitudinales sur chaque élytre : la première, auprès de la suture, composée de quatre ou cinq denticules; l'intermédiaire, ordinairement de quatre; l'extérieure, interrompue, très-irrégulière, formée de sept ou huit.

Dessous du corps convexe, brillant, d'un noir de poix, parcimonieusement poilu. *Ventre* assez densement ponctué.

Poitrine assez fortement ponctuée sur les côtés, presque lisse sur son milieu.

Pieds courts, larges; comprimés; d'un testacé rougeâtre. *Tibias* triangulairement dilatés et obliquement tronqués à leur extrémité; denticulés et ciliés à leur tranche externe et au sommet, et simplement ciliés vers l'extrémité de leur tranche interne. *Hanches antérieures* et *intermédiaires* hérissées de longs poils pâles. *Tarses* grêles; testacés; ciliés en dessous de quelques poils pâles.

PATRIE : Environs de Lyon, sur les troncs d'aulne, dans l'intérieur desquels la larve se creuse des galeries profondes.

OBS. Cette espèce est très-voisine du *Bostrichus monographus*, GYL. Elle s'en distingue par sa taille un peu plus courte, par sa couleur constamment plus obscure, par les aspérités du prothorax plus fortes, par les points des stries plus gros et plus marqués, et par les denticules de la troncature des élytres plus nombreuses.

NOTES POUR SERVIR A L'HISTOIRE

DE

L'AGNATHUS DECORATUS.

DESCRIPTION

DE LA

LARVE ET DE LA NYMPHE DE L'AGNATHUS DECORATUS.

PAR

E. MULSANT et Cl. REY,

(Mémoire lu à la Société Linnéenne de Lyon, le 13 juin 1855.)

LARVE.

Corpus elongatum, leviter convexum, parce ciliato-pilosellum, luteo-testaceum, tenuissime longitudinaliter canaliculatum, segmentis duodecim præter caput compositum ; hoc verticali; segmentis tribus primis, ultimi-que tribus cæteris majoribus; ultimo granulato, apice profunde bifoveolato et bihamato. Pedes sex, triarticulati.

Long. 0,006 — 0,007 (2 1/2 à 2 3/4 lignes).

Corps allongé, légèrement convexe, d'une couleur testacée ; marqué sur son milieu d'un sillon longitudinal très-fin qui parcourt tous les segments, excepté la tête ; finement et obsolètement chagriné en travers ; cilié de quelques longs poils pâles, disposés principalement sur six séries longitudinales : la première marginale, formée d'un seul poil pour chaque segment ; la deuxième sur les côtés, formée de deux poils pour chaque segment ; la troisième dorsale formée de la même manière que la précédente.

I

1

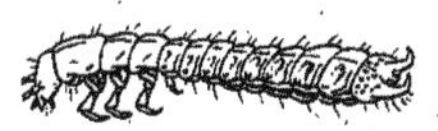

4

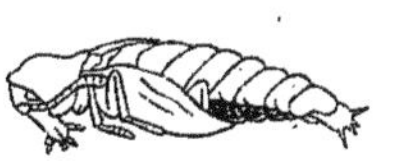

2

3

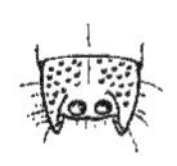

II

1

2

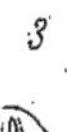

3

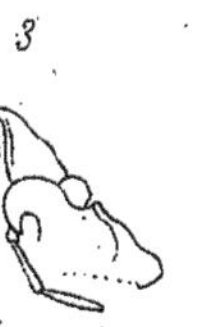

4

5

I *Larve et nymphe de l'Eugnathus*

Cl. Rey del. II *Hémiptères homoptères* J. Déchaud sculp.

Imp. de Fugère à Lyon

Tête verticale, déprimée sur le front, où elle présente deux sillons arqués en dedans, convergeant à l'occiput, et se recourbant intérieurement sur eux-mêmes à leur extrémité comme pour former une espèce de boucle elliptique; obsolètement chagrinée, tranversalement ridée en avant; arrondie sur les côtés qui sont faiblement gibbeux vers l'insertion des antennes, d'où elle se rétrécit brusquement; ciliée de quelques longs poils pâles; d'un jaune testacé, avec la partie antérieure et l'épistome plus obscurs; celui-ci légèrement échancré. *Labre* transversal, largement arrondi au sommet, dont le bord présente sur son milieu une très-faible pointe ou angle obtus; d'un roux de poix testacé; cilié de six à huit poils brillants, jaunâtres. *Mandibules* cornées, assez courtes, solides, d'un roux de poix testacé, avec le sommet plus obscur. *Palpes maxillaires* testacés, de trois articles apparents, diminuant graduellement d'épaisseur. les deux premiers courts, le troisième aussi long que les deux précédents réunis. *Palpes labiaux*, *menton* et *lèvre inférieure* d'un testacé très-pâle. *Yeux* nuls ou non apparents.

Antennes insérées sur une espèce de tubercule court ou bourrelet; d'un testacé de poix; de trois articles apparents : le premier court, épais; le deuxième un peu moins épais, mais d'une moitié plus long que le précédent; le dernier très-petit, subulé, tronqué.

Les *trois segments thoraciques* qui portent les pieds, plus grands que les suivants : le premier d'un tiers plus grand que le deuxième, en carré transversal, postérieurement rétréci; offrant, à chaque série, un fascicule de poils de plus que dans les autres segments; les deuxième et troisième subégaux, transversaux, plus larges en arrière qu'en avant; ce dernier postérieurement plus large que le précédent.

Les *six premiers segments abdominaux* courts, transversaux, allant graduellement en s'élargissant un peu, épaissis en bourrelet sur les bords, et présentant chacun vers l'angle antérieur un petit stigmate arrondi, ombiliqué; marqués chacun postérieurement d'un léger sillon transversal s'affaiblissant et disparaissant sur le dos, et en outre, sur les côtés d'une impression oblique, oblongue, assez marquée.

Les *trois derniers segments* allant en se rétrécissant un peu, plus grands que les précédents, à stigmates semblables, à bourrelets moins épais. Le pénultième plus long que le précédent et un peu plus lisse. Le dernier un peu plus long que le pénultième, convexe, granuleux; à bord postérieur subbissinueusement tronqué, tranchant; creusé en dessus de deux fossettes arrondies, profondes, obscurcies, et en outre armé latéralement de deux crochets solides, recourbés en haut, rembrunis à leur pointe; garni en dessus et principalement sur les côtés de quelques longs poils, d'un jaune pâle.

Dessous du corps déprimé, testacé, obsolètement chagriné en travers. Le segment anal plat, marqué à la base d'une petite strie longitudinale, obscure; orné au sommet de deux petits sillons sémi-lunaires, joignant la tranche apicale qui est rembrunie.

Pieds assez courts, insérés sur un prolongement coxal, assez développé, conique, composé de trois ou quatre pièces; d'un testacé de poix; garnis de quelques rares poils jaunâtres; composés de trois articles : le premier un peu plus large au sommet où il est tronqué; le deuxième un peu moins épais et presque aussi long que le premier, un peu plus étroit vers l'extrémité; le troisième en forme d'ongle recourbé en dedans, fortement réuni au précédent, avec lequel il semble ne faire qu'un.

Obs. Cette larve dont tous les anneaux et tous les organes sont plus ou moins rétractiles, présente plus ou moins de rides ou plis à son épiderme, suivant la tension qu'éprouve celui-ci dans les divers mouvements du corps. Quand elle est près de se transformer, elle devient plus courte, plus épaisse et beaucoupplus voûtée.

NYMPHE.

La *Nymphe*, dans laquelle on reconnait facilement l'insecte parfait, est assez convexe. La *téte*, infléchie en dessous, est fortement engagée dans le prothorax. Les *yeux*, assez gros, sont à moitié voilés par les bords de celui-ci. Les *palpes* sont tous libres. Les *antennes* dont on compte distinctement tous les articles, rejetées en arrière le long des côtés du prothorax, viennent s'appliquer, par leur sommet, contre les cuisses intermédiaires. Les *élytres*, repliées sous le corps, dont elles atteignent les deux tiers de la longueur, présentent sur les côtés deux plis longitudinaux, parallèles. Les *segments thoraciques* répondant aux *mésosternum* et *métasternum*, sont faiblement convexes, tandis que les *segments abdominaux* le sont assez fortement en travers. Ceux-ci sont au nombre de six, et le segment anal, arrondi à son sommet, laisse dépasser en arrière un lobe large, déprimé, terminé par quatre lanières, dont les intermédiaires courtes, rapprochées l'une de l'autre, subparallèles; les extérieures divergentes, beaucoup plus longues, spiniformes.

Les *pieds antérieurs* et *intermédiaires* sont en dehors des élytres contre lesquelles ils sont appliqués, à l'exception des tibias et tarses antérieurs qui s'en détachent un peu. Les *tarses* présentent distinctement tous leurs articles, et même leurs crochets. Les *pieds postérieurs* se trouvent engagés sous les élytres, à l'exception des genoux qui les débordent sensiblement.

La larve de l'*Agnathus decoratus* se rencontre, ainsi que l'insecte parfait, au bord des rivières, dans les vieilles souches d'aulne. Elle vit en compagnie du *Rhizophagus cœruleus* et d'un *Bostrichus* (*Bostrichus alni*), dont nous avons donné ci-devant la description. Suivant toutes nos présomptions, elle doit être parasite des larves de ce dernier xylophage, car nous l'avons souvent trouvée mêlée à celles-ci et au fond des galeries qu'elles s'étaient creusées dans l'intérieur du bois. Les larves des *Rhizophages*, trop petites et trop déprimées, ne sauraient pratiquer des chemins suffisants pour laisser passage à une larve du volume de celle de l'*Agnathus*. D'ailleurs leurs petites galeries, peu profondes, ne s'écartent guère de la surface de l'aubier à laquelle elles sont parallèles, et c'est le plus souvent dans le cœur même du bois que nous avons surpris la larve de l'*Agnathus*.

EXPLICATION DE LA PLANCHE.

Fig. 1 — Larve grossie de l'*Agnathus decoratus*.

— 2 — Tête grossie de la même.

— 3 — Segment anal de la même, vu par dessus.

— 4 — Nymphe de l'*Agnathus decoratus*.

DESCRIPTION

DE QUELQUES

HÉMIPTÈRES-HÉTÉROPTÈRES

NOUVEAUX OU PEU CONNUS,

PAR

E. MULSANT et Cl. REY.

Présentée à la Société Linnéenne de Lyon, le 12 novembre 1853.

FAMILLE DES **SCUTELLÉRIDES**.

GENRE **STERNODONTUS**.

(στερνον, sternum, ὀδους dent).

CARACTÈRES DU GENRE.

Corpus breve, scutiforme.
Caput elongatum. — *Rostrum* mediocre.
Oculi minuti, globosi. — *Ocelli* postici, distantes.
Antennæ subgraciles, articulo tertio sequenti duplo breviore.
Prothorax transversus, angulis posticis rotundato-dilatatis.
Scutellum oblongum, postice rotundatum.
Prosternum antice bispinosum.
Pedes sat validi, spinosuli.

Corps court, assez épais, en forme d'écusson.

Tête allongée, un peu plus large à la base; les lobes latéraux réunis en avant du lobe médian. *Rostre* médiocre, atteignant la moitié du corps, de quatre articles apparents, se logeant dans une rainure qui parcourt le dessous de la tête et toute la poitrine.

Yeux petits, saillants, globuleux. *Ocelles* distants, situés à la base du vertex en arrière de la ligne des yeux.

Antennes assez grêles, de cinq articles : le deuxième près de trois fois plus long que le troisième, celui-ci deux fois plus court que le suivant, le quatrième et cinquième subégaux.

Prothorax court, transversal, à côtés assez profondément sinueux, et à angles postérieurs dilatés en forme d'oreillette arrondie.

Ecusson oblong, largement arrondi en arrière, aussi long mais un peu plus étroit que l'abdomen.

Hémélytres presque entièrement cachées par l'écusson, seulement visibles sur les côtés, à la base.

Prosternum muni en avant, de chaque côté de la rainure rostrale, d'une dent spiniforme un peu déjetée en dehors.

Pieds assez courts et assez robustes. *Tibias* spinosules en dessous. *Tarses* de trois articles, le deuxième beaucoup plus petit. *Ongles* garnis chacun en dessous d'un appendice membraneux.

Obs. L'espèce typique de ce genre s'éloigne des véritables *Ancyrosoma*, Am. et Serv. par ses pieds plus courts, plus distinctement spinosules, et surtout par son prosternum antérieurement bidenté. Ce dernier caractère représente en quelque sorte, mais à l'état de rudiment, cette plaque prosternale qui vient recouvrir la base des antennes dans les genres *Pachycoris*, *Psacasta*, *Trigonosoma* et *Eurygaster*. Notre nouvelle coupe fait donc le passage de ces quatre genres à ceux qui n'ont aucune trace de cette plaque prosternale (*G. Ancyrosoma*, *Graphosoma*, *Podops*, etc.).

Sternodontus obtusus.

Scutiformis, postice rotundatus, convexus, crebre brunneo-rugoso-punctatus, fusco-griseo-testaceus; capitis unâ, prothoracis scutellique quinque lineis pallidis subelevatis; prothoracis angulis posticis obtuse rotundato-dilatatis, lineis pallidis intermediis intus arcuatis; ventre maculâ semicirculari incisurisque lateralibus nigris.

Long. 0,006 - 0,008 (2 2/3 à 3 l.). Larg. 0,004 - 0,005 (2 à 2 1/2 l.).

Corps en écusson, postérieurement arrondi, convexe, couvert de points enfoncés, rugueux, brunâtres.

Tête allongée, rugueusement ponctuée, testacée ; antérieurement entaillée à la réunion des deux lobes latéraux : ceux-ci rebordés sur les côtés, le lobe médian relevé en carène pâle, et n'occupant au plus que les trois quarts de la longueur totale. *Yeux* petits, saillants, d'un ferrugineux obscur. *Ocelles* petits, ferrugineux. *Rostre* roux, avec l'extrémité rembrunie.

Antennes assez grêles, atteignant à peine la moitié du corps ; testacées, avec le dernier article ordinairement ferrugineux : les premier à troisième presque glabres, les quatrième et cinquième légèrement pubescents.

Prothorax court, transversal, deux fois et demie plus large que long ; crénelé et assez fortement sinueux sur les côtés ; carrément échancré au bord antérieur, bissinueux à la base ; à angles postérieurs débordant sensiblement les hémélytres et dilatés en oreillette arrondie ; subdéprimé en avant où il présente quatre cicatrices transversalement disposées et réunies deux à deux ; convexe en arrière ; couvert de points rugueux obscurs, dont les intervalles, sur la partie antérieure du disque, se changent quelquefois en tubercules lisses ; paré en outre de cinq lignes élevées pâles, lisses ou légèrement ridées, ordinairement bordées de noir : la médiane droite, plus saillante et plus épaisse en avant, faisant suite à celle de la tête : les deux intermédiaires faibles, souvent réduites à des rangées de tubercules, et sensiblement arquées en dedans : les deux externes assez saillantes, divergeant en dehors dans la direction des angles.

Écusson en carré long, postérieurement largement arrondi ; longitudinalement convexe, couvert de points enfoncés rugueux et brunâtres ; d'un testacé plus ou moins obscur, avec cinq lignes longitudinales pâles, ordinairement bordées de noir, lisses ou légèrement ridées : la médiane plus saillante, un peu plus épaisse en arrière, droite et faisant suite à celle de la tête et du prothorax ; les deux intermédiaires plus faibles, très-légèrement flexueuses et faisant suite à celles du prothorax ; les deux externes assez marquées, sensiblement flexueuses, faisant suite aux deux externes du prothorax.

Partie visible des hémélytres, faiblement sinueuse sur les côtés à la base ; testacée, marquée de points enfoncés obscurs, et chargée sur son milieu d'une carène oblique : celle-ci limitée en dedans, sur toute sa longueur apparente, par un trait brunâtre, et en dehors par un trait de la même couleur, mais seulement visible en arrière.

Abdomen légèrement dilaté sur les côtés, où il déborde visiblement les hémélytres et l'écusson ; marqué d'une tache noire à chaque intersection des segments.

Ventre convexe, rugueusement ponctué ; testacé avec une grande tache discoïdale, sémicirculaire, noire, plus ou moins effacée chez les ♂, plus marquée chez les ♀ ; paré en outre sur les côtés d'une petite tache noire à chaque intersection des segments. Les *stigmates* ocellés, rembrunis. *Poitrine* variolée de taches et de points enfoncés, obscurs.

Pieds assez courts, rugueux, d'un testacé obscur, densement ponctués de brun. *Cuisses* avec quelques taches noirâtres. *Tibias* spinosules. Premier article des *tarses* sensiblement dilaté.

Patrie : Environs de Marseille. Assez rare.

Obs. La couleur varie dans cette espèce. Quelquefois, chez la ♀ surtout, la tête, le prothorax et l'écusson sont presque entièrement d'un brun ferrugineux, moins les lignes longitudinales pâles qui n'en ressortent que davantage.

Elle ressemble, au premier coup d'œil, à l'*Ancyrosoma albolineata*, Fab. Outre les caractères génériques, elle en diffère par ses angles prothoraciques moins saillants et arrondis, par les lignes pâles internes du prothorax qui se recourbent intérieurement en avant, au lieu de se déjeter en dehors, et par son abdomen un peu plus dilaté sur les côtés et à intersections maculées de noir. Les lignes intermédiaires pâles de l'écusson sont aussi moins droites, et celui-ci est beaucoup plus largement arrondi postérieurement, ce qui donne à tout le corps une forme plus obtuse en arrière. Les pieds sont aussi plus obscurs, proportionnellement plus courts et moins grêles.

GENRE **DERULA**.

(δερη, cou, ουλη, cicatrice).

CARACTÈRES DU GENRE.

Corpus breve, postice rotundatum.

Caput oblongum. — *Rostrum* mediocre.

Oculi minuti, prominuli, subglobosi. — *Ocelli* postici, distantes.

Antennœ subgraciles, articulis secundo, tertio et quarto subæqualibus.

Prothorax transversus, brevis, biplagiatus.

Scutellum magnum, postice rotundatum.

Prosternum antice simplex, nec dentatum, nec laminatum.

Pedes breves, sat validi, spinosuli.

Corps court, assez épais.

Tête en hémicycle allongé ; les lobes latéraux réunis en avant du lobe médian. *Yeux* petits, saillants, subglobuleux. *Ocelles* distants, placés à la base du vertex, en arrière de la ligne des yeux. *Rostre* assez grêle, atteignant la moitié du corps, de quatre articles apparents, se logeant dans une rainure qui parcourt le dessous de la tête et toute la poitrine.

Antennes assez grêles, de cinq articles : le premier le plus court : les deuxième, troisième et quatrième subégaux : le cinquième le plus long.

Prothorax court, transversal, avec ses côtés presque rectilignes, et ses angles postérieurs fortement arrondis, débordant à peine les hémélytres ; marqué sur le dos de deux cicatrices transversales.

Écusson oblong, aussi long mais plus étroit que l'abdomen, arrondi à son extrémité.

Hémélytres presque entièrement recouvertes par l'écusson, seulement visibles sur les côtés à la base.

Prosternum simple, sans dent ni dilatation lamelliforme.

Pieds assez courts et assez robustes. *Tibias* spinosules en dessous. *Tarses* de trois articles, le deuxième beaucoup plus petit. *Ongles* garnis chacun en dessous d'un appendice membraneux.

Obs. Dans ce genre les deuxième, troisième et quatrième articles des antennes sont presque de la même longueur, tandis que le troisième est toujours sensiblement plus court que le quatrième, et toujours au moins une fois plus court que le deuxième dans tous les *Scutellérides* à grand écusson (*Orbiscuti*, Amyot). Ce caractère le rapproche des *Pentatomites* (*Coniscuti*, Amyot), et surtout des espèces de *Pentatoma* dont Hahn a composé son genre *Eysarcoris*.

Derula flavoguttata.

Breviter ovalis, convexa, rugoso-punctata, fusco-testacea ; capite vittis duabus longitudinalibus obscurioribus medio lineâ pallidâ elevatâ; thorace disco transversìm biplagiato tuberculisque duobus albidis munita ; scutello basi albido biguttata vittisque tribus pallidis ornata ; abdominis incisuris nigris ; ventre vittis duabus fuscis ; femoribus antè apicem maculatìm nigro-annulatis, tarsis apice piceis.

Long. 0,005 — 0,006 (2 1/4 à 2 2/3 l.). Larg. 0,004 — 0,005 (2 à 2 1/2 l.).

Corps court, convexe, postérieurement arrondi, rugueusement ponctué.

Tête en demi-cercle allongé, fortement ponctuée, testacée ; légèrement entaillée au sommet ; parée de deux bandes obscures, larges, qui se réunissent en avant ; les lobes latéraux rebordés, enclosant le lobe médian qui est d'un quart plus court, pâle et relevé en carène. *Yeux* globuleux, assez saillants, noirâtres. *Ocelles* peu saillants, ferrugineux. *Rostre* ferrugineux, avec l'extrémité obscure.

Antennes assez grêles, atteignant à peine la moitié du corps, d'un testacé ferrugineux : le troisième article à peine plus court que le précédent : les deuxième et quatrième subégaux : les premier, deuxième et troisième presque glabres : les quatrième et cinquième légèrement pubescents : celui-ci d'une moitié plus long que le précédent.

Prothorax court, transversal, deux fois plus large que long ; bissinueusement échancré au sommet, bissinueux à la base; à côtés rectilignes, à angles antérieurs recourbés en une petite dent; à angles postérieurs fortement arrondis et un peu plus saillants que la base des hémélytres; transversalement convexe ; rugueusement ponctué, chargé sur son disque de deux petits tubercules pâles, lisses, au-devant de chacun desquels se trouve une large cicatrice transversale, obscure; testacé, avec les bords latéraux, toute la partie antérieure médiane située entre les deux cicatrices, beaucoup plus pâles, et une teinte rembrunie vers les angles postérieurs.

Ecusson en carré long, postérieurement arrondi ; longitudinalement convexe, rugueusement ponctué; testacé, avec deux taches basilaires d'un blanc vif, tuberculiformes, lisses, limitées de chaque côté par un trait noir, et donnant naissance chacune à une bande étroite, un peu plus pâle que la couleur foncière, extérieurement accompagnée d'une teinte un peu plus obscure, et souvent obsolète et peu apparente; paré en outre sur son milieu d'une autre ligne longitudinale pâle, quelquefois assez visible à la base, puis s'oblitérant pour reparaître après le milieu, mais plus étroite et enclose d'une teinte obscure qui se prolonge jusqu'au bout. Le milieu de la base est souvent étroitement pâle.

Partie visible des hémélytres ponctuée, testacée, chargée d'une carène oblique.

Abdomen légèrement dilaté en arrière sur les côtés, où il déborde visiblement les hémélytres et l'écusson ; paré d'une tache noire à chaque intersection des segments.

Dessous du corps convexe, fortement ponctué ; testacé, avec deux bandes obscures, plus effacées dans le ♂, plus apparentes dans la ♀, partant de l'angle prothoracique postérieur pour aller obliquement se réunir avant le sixième arceau ventral. Bords latéraux tachés de noirs. *Stigmates* obscurs, premier arceau noir au milieu de sa base. *Poitrine* avec quelques taches obscures auprès des hanches.

Pieds assez courts, rugueux, spinosules, testacés. *Cuisses* avec un anneau de taches noires avant leur sommet. *Tarses* d'un brun de poix à l'extrémité.

Patrie : St-Loup près Marseille. Juin. Rare.

Obs. Cette espèce simule assez bien le *Pentatoma perlatum*. Wolf (*Eysarcoris perlatus*, Hahn) par sa taille, par son faciès, par la sculpture de son prothorax, et par la disposition des taches de l'écusson. Mais le développement de ce dernier qui est largement arrondi au sommet et cache presque entièrement les hémélytres, le range forcément dans la première division des *Scutellérides*, c'est-à-dire parmi les *Orbicusti* d'Amyot.

Sciocoris auritus.

Brevis, subdepressus, griseo-testaceus, densiùs nigro-punctatus ; prothoracis hemelytrorumque lateribus anticis pallidioribus ; prothorace transversìm sulcato ; abdominis lateribus fusco-maculatis ; scutello basi utrinque puncto pallido notato ; membranâ pellucidâ, obscuro-maculatâ.

Long. 0,005-0,006 (2 à 2 1/2 lig.) ; larg. 0,0035-0,004 (1 1/4 à 1 1/2 l.).

Corps court, en carré un peu plus long que large, un peu rétréci en avant, largement arrondi en arrière; subdéprimé, d'un gris testacé, couvert de points enfoncés noirs, assez serrés.

Tête à peine plus longue que large, entaillée au devant des yeux, faiblement sinueuse sur les côtés; plane au milieu, légèrement relevée sur les bords, arrondie au sommet, où elle présente une petite fissure au point de réunion des lobes latéraux : le lobe médian enclos par ceux-ci et n'occupant que les trois quarts de la longueur totale; d'un gris testacé plus ou moins obscur, suivant que les points enfoncés sont plus ou moins brunâtres, avec un petit trait plus pâle, souvent imponctué, situé en dehors des *ocelles*. Ceux-ci arrondis, saillants, obscurs. *Yeux* bruns, globuleux, très-saillants. *Rostre* d'un testacé plus ou moins rembruni, avec la base ordinairement plus pâle et l'extrémité toujours plus foncée.

Antenes assez courtes, pas plus longues que la tête et le prothorax réunis; brièvement pubescentes; d'un testacé ferrugineux, avec les quatrième et cinquième articles un peu plus obscurs; à deuxième article sensiblement plus grand que le troisième, celui-ci plus court que le quatrième.

Prothorax faiblement convexe; court, transversal, deux fois et demie plus large que long; légèrement arrondi sur les côtés, subbissinueusement échancré au milieu de son bord antérieur, presque droit au milieu de sa base : celle-ci obliquement coupée sur les côtés, depuis l'écusson jusqu'aux angles postérieurs : ceux-ci arrondis, les antérieurs obtus; d'un gris testacé plus ou moins obscur, couvert de points enfoncés brunâtres, avec les côtés pâles, depuis l'angle antérieur jusqu'après le milieu; creusé sur le disque d'un sillon transversal plus ou moins marqué, non prolongé jusqu'aux bords latéraux, et devant lequel on remarque deux faibles cicatrices transversales, plus ou moins pâles et plus ou moins imponctuées; chargé en outre, vers les angles postérieurs, d'une espèce de gibbosité ou tubercule obtus.

On aperçoit quelquefois chez certaines variétés de petites verrues pâles le long du sillon transversal, et, en arrière de celui-ci une ligne longitudinale très-fine, plus pâle que la couleur générale et souvent à peine visible.

Ecusson atteignant à peine les deux tiers de l'abdomen, en triangle allongé et arrondi au sommet, légèrement sinueux sur les côtés ; paré de chaque côté de la base d'un petit tubercule lisse, pâle, extérieurement limité de noir ; un peu convexe à la base, subdéprimé à sa dernière moitié, où il offre la trace affaiblie d'une carène longitudinale ; d'un gris testacé plus ou moins obscur, couvert de points enfoncés brunâtres, avec l'extrémité ordinairement plus claire.

Hémélytres de la longueur du prothorax à leur base, rétrécies en arrière, où elles laissent à découvert une partie du dos de l'abdomen. *Corie* d'un gris plus ou moins obscur, couverte de points enfoncés brunâtres, et chargée d'une nervure longitudinale assez saillante, un peu plus pâle, oblique, et n'atteignant pas le bord postérieur. *Membrane* débordant souvent l'extrémité de l'abdomen, surtout chez les ♂ ; pâle, diaphane, ridée, et chargée de six ou sept nervures, plus ou moins arquées, dont les intervalles sont parés de taches brunes. *Tranche de l'abdomen* ornée, à chaque intersection des segments, de taches obscures, formées de points enfoncés noirâtres.

Dessous du corps faiblement convexe, d'un testacé ferrugineux ; couvert de points enfoncés obscurs, et souvent de taches plus ou moins rembrunies sur les côtés de la poitrine et du ventre ; celui-ci distinctement maculé de brun à sa tranche latérale.

Pieds spinosules, d'un testacé livide, ponctués de brun, avec le sommet des tarses et des tibias plus obscurs, et une ou deux taches brunâtres avant le sommet des cuisses.

Patrie : Avignon, Marseille, Nîmes. Assez commun, sous les pierres, parmi les mousses qui couvrent les rochers, dans les lieux arides et escarpés.

Obs. Cette espèce diffère de tous ses congénères par sa membrane transparente, maculée de points bruns, et chargée de six ou sept nervures, tandis que les autres espèces en offrent cinq au plus, même chez les individus les plus complets. Elle est d'une taille plus courte que l'*umbrinus*, dont elle se distingue encore par les côtés du prothorax distinctement bordés de pâle en avant. De plus chez les ♂, l'échancrure du quatrième arceau ventral est aiguë, au lieu d'être arrondie.

Capsus Versini.

Elongatus, subdepressus, glaber, parùm nitidus; capite, prothoracis parte anticâ scutelloque luteis; hemelytris virescentibus, puncto interno nigro apice notatis; antennis apice fuscis, basi pallido-viridibus et nigro annulatis; pectore, ventre pedibusque pallido-luteis, his nigro punctatis; membranâ pellucidâ, cum maculâ magnâ, subquadratâ, apicali; cellulâ basali simplici, oblongâ, corneâ, luteo-virescenti.

Long. 0,0031 (1 2/5 l.). — Larg. 0,0010 (1/2 l.).

Corps allongé, subdéprimé, glabre.

Tête triangulaire, assez convexe; pubescente au sommet; d'un jaunâtre mat, avec deux séries de linéoles transversales, obscures, situées en avant de chaque côté du chaperon; marquée de chaque côté, en arrière, d'une impression joignant le bord interne des *yeux*. Ceux-ci grands, très-saillants, globuleux, plus ou moins obscurs. *Bec* grêle, atteignant le tiers de la longueur du corps; testacé, obscur au sommet.

Antennes finement pubescentes, grêles, presque aussi longues que le corps : à premier article subcylindrique, cinq fois plus court que le suivant, d'un vert très-pâle, avec la base et un anneau obscur après son milieu : le second très-grêle, linéaire, plus long que le suivant, obscur au sommet, avec la base d'un vert très-pâle, annelée de noir : les deux derniers obscurs, le dernier plus court que le précédent.

Prothorax transversal, une fois plus court que long, faiblement convexe; en cône largement tronqué au sommet, et légèrement arrondi aux angles postérieurs; d'un vert tendre, avec la partie antérieure jaunâtre; obsolètement chagriné en arrière, et marqué en avant de deux cicatrices transversales.

Ecusson assez grand, triangulaire, légèrement convexe; obsolètement ridé en travers; d'un jaune d'ocre.

Hémélytres subdéprimées, subparallèles, cinq fois plus longues que le prothorax, très-finement chagrinées; d'un vert tendre, avec la base un peu plus claire; parsemées de petits points, souvent peu visibles, d'un vert un peu plus foncé; offrant chacune à leur extrémité un point noir, situé vers le milieu du bord apical de la corie. *Membranes* diaphanes, ornées chacune d'une grande tache noire plus ou moins carrée, obliquement disposée, s'étendant depuis le bord apical jusqu'à la *cellule basilaire*. Celle-ci oblongue, de la même consistance que les hémélytres; d'un vert un peu jaunâtre; rectangulaire à sa partie postéro-interne.

Dessous du corps pâle.

Pieds d'un testacé pâle, marqués de points noirs. *Tarses* légèrement verdâtres, avec le sommet des angles obscur.

Patrie : Cette espèce a été trouvée dans le département de l'Ardèche, par M. Forel. Nous l'avons dédiée à M. Yersin, naturaliste du canton de Vaud, connu par divers travaux pleins d'intérêt sur les Orthoptères.

Obs. Cette espèce ressemble au *Capsus Paykulli*, Fall. dont elle diffère par son corps glabre, plus allongé, par la couleur des antennes et des pieds, et par sa cellule basilaire unique.

Capsus Foreli.

Oblongus, subdepressus, glaber, nitidissimus, niger; antennarum articulis ultimis duobus ferrugineis; scutelli apice summo, hemelytrorum ventrisque basi, pectoreque medio luteo-albidis; pedibus membranâ fuscâ, cum cellulâ basali simplici.

Long. 0, 0033m (1 1/2 l.). — Larg. 0,0017m (3/4 l.).

Corps allongé, subdéprimé, glabre, lisse ou très-obsolètement chagriné.

Tête triangulaire, convexe, noire, lisse, très-luisante ; marquée sur le milieu du vertex d'un petit sillon longitudinal court, obsolète, visible seulement à un certain jour, et d'une très-faible impression, de chaque côté, vers l'angle postéro-interne des *yeux*. Ceux-ci grands, saillants, globuleux, brunâtres. *Bec* grêle, dépassant le tiers de la longueur du corps ; testacé, avec la base ferrugineuse et le sommet noir.

Antennes plus longues que la moitié du corps, grêles, pubescentes : le premier article épais, subcylindrique, d'un noir luisant, presque glabre, offrant à sa tranche supérieure, avant le sommet, un poil raide, noir, assez long : le deuxième linéaire, noir, cinq fois plus long que le précédent, et une fois plus que le suivant : les deux derniers ferrugineux, le dernier plus court que le précédent.

Prothorax transversal, une fois plus court que large ; en cône largement tronqué au sommet, et arrondi aux angles postérieurs ; transversalement convexe en arrière, et subdéprimé en avant, où il offre deux faibles impressions transversales ; d'un noir luisant ; lisse à sa partie antérieure, et obsolètement chagriné à sa partie postérieure.

Ecusson grand ; triangulaire ; légèrement convexe ; transversalement ridé ; d'un noir peu brillant, avec la pointe apicale blanchâtre.

Hémélytres subdéprimées ; trois fois plus longues que le prothorax ; subparallèles ou faiblement rétrécies en arrière après leur milieu ; obsolètement chagrinées ; d'un noir luisant, ainsi que l'appendice, avec une grande tache d'un blanc jaunâtre mat, occupant toute la base moins le bord latéral et la pointe apicale de la clé. La partie qui avoisine les angles antérieurs de l'écusson, reste légèrement enfumée. *Membrane* obscure, à deux nervures, et n'offrant qu'une seule cellule basilaire.

Dessous du corps convexe, d'un noir luisant, avec les hanches et toute la région médiane de la poitrine et de la base du ventre d'un blanc jaunâtre.

Pieds noirs ou d'un noir brun, avec la base des cuisses d'un blanc fauve, au moins jusqu'à la moitié de la longueur sur les cuisses antérieures, au moins jusqu'au tiers sur les postérieures.

Cette belle espèce a été trouvée dans le département de l'Ardèche, par M. Forel, zélé naturaliste du canton de Vaud, à qui nous l'avons dédiée. Elle a également été prise dans le midi de la France par M. Foudras.

EXPLICATION DES FIGURES

DE LA PLANCHE QUI SE RATTACHE A CE TRAVAIL.

Figure 1 — Prosternum du *G. Sternodontus.*
— 2 — Prosternum du *G. Ancyrosoma.*
— 3 — Prosternum du *G. Pachycoris.*
— 4 — Antenne du *G. Derula.*
— 5 — Antenne du *G. Graphosoma.*
— 6 — *Capsus Yersini.*
— 7 — *Capsus Foreli.*

DESCRIPTION

DE LA

LARVE DE L'ELENOPHORUS COLLARIS,

COLÉOPTÈRE DE LA TRIBU DES LATIGÈNES,

PAR

E. MULSANT ET V. MULSANT.

(Présentée à la Société Linnéenne de Lyon, le 12 mai 1856.)

Larve hexapode ; allongée ; semi-cylindrique ; d'un flave pâle. *Tête* paraissant composée de deux parties : l'antérieure plus étroite et plus courte, presque en demi-cercle une fois plus large que long, offrant en dessus le labre et l'épistome : la seconde, séparée de la première par un sillon transversal d'un rouge testacé, en parallélogramme une fois plus large que long, offrant un petit tubercule vers chacune des extrémités de son bord antérieur, et munie sur les côtés de poils blonds assez épais. *Epistome* et *labre* transverses ; séparés l'un de l'autre par un sillon d'un rouge testacé. Le premier, hérissé de soies raides, d'un blond testacé : le second, chargé sur les côtés d'un petit tubercule garni de soies semblables. *Mandibules* très-robustes; cornées; très-arquées ; terminées en pointe obtuse ; munies à la base d'une sorte de dent molaire, et d'une autre dent moins prononcée et un peu obtuse, entre celle-ci et l'extrémité ; d'un rouge testacé, avec l'extrémité et le côté interne, noirs. *Mâchoires* à un seul lobe, muni à son côté interne de poils spiniformes. *Palpes maxillaires* de trois articles : les premier et deuxième subcylindriques : le deuxième, le plus long : le dernier, conique, assez court. *Menton* en carré plus large que long ; avec la pièce prébasilaire chargée à sa partie antérieure d'une saillie ou arête transverse, trois fois plus large. *Palpes labiaux* courts. *Antennes* plus longuement prolongées que la partie antérieure de la tête, quand les mandibules sont à l'état de repos ; de quatre articles : le basilaire, très-court : les deuxième et troisième, cylindriques, égaux : le dernier court. *Corps* revêtu d'une peau parcheminée; d'un flave pâle ou d'un flave testacé livide, avec le bord postérieur des anneaux moins pâle par l'effet du repli de la peau ; de douze anneaux ; à peu près glabre, lisse et luisant sur les onze premiers : le prothoracique plus grand que le suivant d'un tiers ou de deux cinquièmes, et d'un tiers que le troisième : les quatrième à onzième presque égaux : le dernier rétréci en ligne courbe, obtriangulaire à côtés curvilignes, plus large à la base qu'il est long sur son milieu, hérissé de quelques poils postérieurement et à son extrémité : à bords repliés en dessous, moins largement sur les côtés qu'à sa partie postérieure, où le bord de ce repli constitue un arc dirigé en arrière, après lequel se montre la région anale ; pourvu au-devant de celle-ci de deux sortes de tubercules hérissés de poils raides dirigés en dehors et servant à la progression. *Dessous du corps* à peu près de la couleur du dessus. *Pieds* courts ; disposés par paires sous chacun des trois premiers anneaux : les antérieurs beaucoup plus robustes que les autres, extérieurement garnis de poils flexibles, et à leur côté interne de poils spinosules plus courts; terminés chacun par un ongle long et robuste. *Stigmates* au nombre de neuf paires ; disposés comme chez la plupart des autres larves.

Elle se tient cachée dans la terre à la manière de celle des Blaps, ou n'en fait sortir que la partie antérieure de son corps sous les débris de substances animales ou sous les matières immondes qui lui servent de nourriture. Elle se pratique dans le sol une retraite pour y passer l'état de nymphe.

ADDITIONS ET RECTIFICATIONS

AU

CATALOGUE DES COCCINELLIDES,

PUBLIÉ EN 1853,

par

E. MULSANT.

(Présentées à la Société Linnéenne de Lyon, le 12 mai 1856).

HIPPODAMIAIRES.

5b. **Hippodamia leporina.** *En ovale allongé; peu convexe. Prothorax noir, paré, de chaque côté, d'une bordure blanche, presque interrompue dans son milieu. Elytres d'un jaune fauve, ornées d'une bande subbasilaire étendue d'un calus à l'autre, et chacune de deux taches, noires: l'antérieure presque en triangle transversal: la postérieure, moins grosse, obtriangulaire, liée à la précédente.*

Long. 0,0056 (2 1/2 l.) Larg. 0,0042 (1 7/8 l.)

Corps oblong ou en ovale allongé; peu convexe; pointillé; luisant, en dessus. *Tête* noire, parée sur le milieu du front, d'une tache blanche, en losange. *Prothorax* noir, orné de chaque côté d'une bordure blanche, très-rétrécie ou presque interrompue dans son milieu. *Ecusson* noir. *Elytres* d'un jaune fauve ou d'un jaune roux, ornées d'une bande subbasilaire raccourcie à ses extrémités, et chacune de deux taches, noires: la bande, étendue transversalement d'un calus à l'autre, avancée dans son milieu jusqu'à l'écusson, échancrée en arc sur chaque élytre, entre l'écusson et le calus, enclosant un espace plus jaune que le reste de l'étui, en arc bissinué à son bord postérieur, couvrant sur la suture près des deux septièmes de la longueur: la tache antérieure, presque en forme de triangle arrondi plus large que long et arrondi à ses angles postérieurs, couvrant des deux cinquièmes aux cinq septièmes de la longueur, et du sixième juxta-sutural à peu près au bord externe : la deuxième, moins grosse, obtriangulaire, au moins aussi rapprochée de la suture, un peu moins voisine du bord externe et surtout du bord apical, commençant aux deux tiers de la longueur, ordinairement liée à la précédente vers les trois cinquièmes externes de son bord antérieur. *Dessous du corps* et *pieds* noirs, *Epimères des médi* et *postpectus*, blanches.

PATRIE : la Californie (collect. Buquet).

La *Naemia litigiosa* avait été décrite quelque temps auparavant (1847) sous le nom de *Coccinella seriata*, par M. Melsheimer, dans les procès-verbaux de l'Académie de Philadelphie, t. 3, (1848) p. 177, il convient de lui rendre ce nom spécifique. Voyez MELSHEIM. Catal. (1853) p. 129 ([1]).

COCCINELLAIRES.

2. **Anisosticta Dohrniana.** *Corps ovale oblong; médiocrement convexe; flave en dessus, avec le bord externe d'un flave rosé; paré sur le prothorax, de chaque côté de la ligne médiane, de deux grosses taches noires trilobées; orné sur chaque élytre d'une bordure suturale prolongée à peine au-delà de la moitié, anguleusement dilatée dans son milieu, et bilobée postérieurement, et chacune d'une bande longitudinale et de deux taches ponctiformes, noires : la bande naissant sur le calus, inégalement plus large jusqu'à un peu plus de la moitié, liée à une sorte de point : les taches ponctiformes, égalemement juxta-suturales, situées l'une, aux trois quarts : l'autre, près de l'extrémité. Dessous du corps noir. Pieds flaves.*

Long. 0,0033 (1 1/2 l.). Larg. 0,0020 (9/10 l.).

([1]) Catalogue of the Described Coleoptera of the United States, by Frederich Ernest Melsheimer, revised by S. S. Haldeman and J. L. Le Conte. *Washington* Smithonian institution, July, 1853, in-8.

Corps ovale ou ovale oblong ; médiocrement convexe. *Tête* plus large que longue ; penchée ; ponctuée ; flave ou d'un flave rosé, parée sur sa partie postérieure, à partir du milieu du front, d'un bandeau noir, profondément entaillé dans son milieu. *Palpes maxillaires* et *antennes* d'un flave rosé, légèrement obscurs à l'extrémité. *Prothorax* bissinueusement échancré en devant ; à angles antérieurs avancés en forme de dent : les postérieurs plus faiblement dirigés en arrière ; arqué sur les côtés, à peine plus étroit aux angles de devant qu'à ceux de derrière ; bissinué à sa base, avec la partie médiane plus prolongée en arrière que les angles ; deux fois au moins aussi large à la base qu'il est long sur son milieu ; relevé en rebord sur les côtés, sans rebord apparent à la base ; médiocrement convexe en dessus ; plus finement ponctué que les élytres ; flave, avec les rebords d'un flave rosé ; paré de chaque côté de deux grosses taches noires, trilobées, paraissant formées de la réunion de trois points noirs obtriangulairement disposés. *Ecusson* petit ; noir ; en triangle à côtés curvilignes, plus large que long. *Elytres* d'un quart ou d'un tiers plus larges que le prothorax ; près de quatre fois aussi longues que lui ; arrondies aux épaules ; à peine élargies en ligne droite jusqu'à la moitié, en ogive obtuse postérieurement ; assez largement relevées en rebord ou en gouttière sur les côtés ; médiocrement convexes ; ponctuées ; d'un jaune pâle, avec le rebord d'un flave rosé, ornées d'une bordure suturale, à peine prolongée au-delà de la moitié, et chacune d'une bande longitudinale et de deux taches ponctiformes, noires : la bordure suturale, naissant de la base, couvrant environ le cinquième de la largeur de celle-ci, sur chaque élytre, parallèle jusqu'un peu au-delà du cinquième de la longueur de la suture, anguleusement dilatée dans son milieu, bilobée à son extrémité ou comme terminée par deux points unis transversalement : la bande commençant sur le calus par une sorte de point, prolongée jusqu'à un peu plus de la moitié de leur longueur sur une largeur d'environ les deux cinquièmes de leur largeur, mais inégalement large, sinuée vers le tiers de leur côté interne, bissinuée au côté externe, puis liée après la moitié à une tache ponctiforme, ovale : les deux taches ponctiformes rapprochées de la suture : la postérieure, voisine de l'extrémité, presque en forme de virgule transverse, rétrécie de dedans en dehors, presque liée par son côté externe à la tache ponctiforme qui termine la bande longitudinale : la tache ponctiforme antérieure, située entre la postérieure et la bordure suturale. *Repli* flave. *Dessous du corps* noir. *Pieds* flave ou d'un flave rosé.

Patrie : la Hongrie.

J'ai reçu cette belle espèce de mon ami M. Dohrn, l'un des entomologistes vivants à qui la science a le plus d'obligations, pour l'activité qu'il sait imprimer à la Société qu'il préside avec tant de zèle et de distinction.

Obs. Elle a beaucoup d'analogie avec l'*A*. 19-*punctata*, dont elle reproduit à peu près le même dessin, en sorte qu'on serait de prime à bord tenté de la considérer comme une variété de celle-ci, offrant les deux premières taches juxta-suturales de chaque élytre, unies entre elles et à la scutellaire pour constituer une bordure suturale, et dont les quatre premières taches juxta-marginales se sont également unies pour former la bande longitudinale; mais la partie anguleuse de la bordure suturale, qui représenterait la première tache juxta-suturale, est située vers le quart de la longueur des étuis, chez l'espèce ci-dessus décrite, et vers le cinquième seulement chez la 19-*punctata* : cette même tache s'étend à peine jusqu'au tiers de la largeur, chez la première, et presque jusqu'à la moitié, chez la seconde. Les autres taches juxta-suturales ont également des positions différentes : la deuxième ou celle qui termine la bordure suturale de la *Dohrniana* dépasse la moitié de la longueur ; la troisième est située aux trois quarts de la longueur ; la quatrième, aussi rapprochée de la suture que la précédente, près de l'extrémité : chez la 19-*punctata* au contraire, la deuxième n'arrive pas à son bord postérieur jusqu'à la moitié de la longueur des étuis : la troisième est située aux deux tiers à peine, et la quatrième, moins rapprochée de la suture que la troisième, est séparée de l'extrémité par un espace plus grand que son diamètre. Enfin les épimères et les côtés du ventre sont noirs, chez l'exemplaire de la *Dohrniana* que j'ai eu sous les yeux.

1ᴰ. **Adonia interrogans.** *Ovale-oblongue. Prothorax noir, paré en devant et de chaque côté d'une bordure d'un blanc flavescent, et noté sur son disque, de deux lignes de même couleur, obliques, raccourcies, presque convergentes postérieurement. Elytres d'un jaune testacé, ornées d'une bordure suturale prolongée à peine jusqu'aux trois quarts, et chacune d'une bande longitudinale naissant du calus, formant postérieurement un arc à son côté externe et un angle rentrant à son côté interne, noires.*

Long. 0,0056 (2 1/2 l.). Larg. 0,0033 (1 1/2 l.).

Corps ovale-oblong; peu convexe. *Tête* noire, parée sur le milieu du front d'une tache ovale, d'un blanc flavescent, croisée par une ligne de même couleur, prolongée transversalement jusqu'aux yeux : épistome flave : mandibules noires. *Antennes* et *palpes maxillaires* d'un flave testacé ou livide, avec l'extrémité obscure. *Prothorax* noir; paré en devant et de chaque côté d'une bordure d'un blanc flavescent, orné sur son disque de deux lignes de même couleur, longitudinalement obliques, postérieurement presque convergentes, n'atteignant ni la bordure antérieure ni la base : la partie noire rétrécissant le milieu de chaque bordure latérale, comme si un point noir était lié à elle. *Elytres* d'un jaune pâle ou testacé ; ornées d'une bordure suturale noire, à peine plus large en devant que la base de l'écusson, faiblement et graduellement élargie ensuite jusqu'au quart de la longueur, puis prolongée en se rétrécissant progressivement jusqu'aux deux tiers ou trois quarts; parées chacune d'une bande également noire, naissant du calus, égale au tiers de la largeur de l'étui, longitudinalement prolongée jusqu'aux deux tiers, en formant une dilatation anguleuse vers la moitié de la longueur : cette bande liée par son bord externe, à partir de la moitié de la longueur de chaque élytre, à un arc obliquement dirigé vers les cinq sixièmes de la suture qu'il n'atteint pas : cet arc formant à son côté interne, avec l'extrémité de la bande longitudinale, un angle rentrant dirigé en dehors : cette bande et cet arc constituant sur l'élytre gauche une sorte de signe interrogatif, en regardant l'insecte d'avant en arrière. *Dessous du corps* et *pieds* noirs : épimères blanches. *Plaques abdominales* en arc à peine prolongé jusqu'à la moitié de l'arceau.

PATRIE : la Chine (collect. Buquet).

2[a]. **Harmonia dionea.** *Ovale. Prothorax et élytres d'un flave testacé : le premier, paré d'une tache noire, couvrant les trois cinquièmes médiaires de la base, semi-circulaire en devant, avancée près du bord antérieur, liée à un point noir dans le milieu de chacun de ses côtés : les secondes, parées d'une bordure suturale graduellement réduite au rebord, d'un point sur le calus, et ordinairement d'une très-petite tache située, dans la même direction longitudinale, vers le milieu de la longueur, noirs.*

Long. 0,0045 (2 l.). Larg. 0,0033 (1 1/2 l.).

Corps ovale; très-médiocrement convexe. *Tête* flave; marquée sur le milieu du front d'une tache obtriangulaire noire. *Prothorax* d'un flave testacé; marqué d'une tache noire, semi-orbiculaire, couvrant les trois cinquièmes médiaires de la base, avancée jusqu'au sixième antérieur, liée à un point noir, vers le milieu de chacun de ses côtés. *Elytres* d'un flave testacé, ornées d'une bordure suturale, d'un point et d'une très-petite tache, noirs : la bordure suturale, à peine aussi large que la base de l'écusson, graduellement rétrécie à partir du cinquième de la largeur, réduite à peu près au rebord sutural à partir de la moitié ou un peu plus : le point, assez gros, couvrant le calus : la petite tache, ponctiforme ou presque linéaire, située vers la moitié de la longueur, à égale distance du bord externe que le point du calus. *Dessous du corps* noir, avec les côtés de l'abdomen d'un jaune testacé. *Mésosternum* échancré jusqu'au tiers. *Plaques abdominales* presque en forme de V. *Epimères* d'un jaune testacé. *Pieds* de la même couleur.

PATRIE : la Chine (collect. Buquet).

Dans le même genre doivent être opérées les rectifications suivantes :

H. venusta ; MELSHEIMER, au lieu de **H. notulata**.

Coccinella venusta, MELSH. Descript. *in* Proceed. of the Acad. of nat. scient. of Philadelph. t. 3 (1848), p. 178. — MELSH. Catal. (1853) p. 129.

H. picta ; RANDALL, au lieu de **H. contexta**.

Coccinella picta, RANDALL, Descript., etc. *in* BOSTON, journ. of the nat. Hist. t. 2, p. 5. *Coccinella concinnata*, MELSHEIM. Proceed. of the Acad. of nat. Scienc. of Philadelph. t. 3, p. 178. — MELSHEIM. Catal. (1853) p. 129.

15B. Coccinella juliana. *Ovale ; médiocrement convexe. Prothorax noir, paré sur les côtés d'une tache d'un blanc flavescent en carré large et irrégulier, et d'une bordure antérieure de même couleur (au moins chez l'un des sexes). Elytres d'un jaune testacé, parées chacune d'une bande noire, en arc dirigé en arrière, étendu depuis l'écusson jusqu'au calus, festonné postérieurement près de la suture.*

Long. 0,0056 (2 1/2 l.). Larg. 0,0045 (2 l.).

Corps brièvement ovale ; médiocrement convexe ; luisant. *Tête* noire, parée sur le front d'une bande transversale blanche, rétrécie dans son milieu : mandibules blanches, avec l'extrémité noire. *Antennes* d'un blanc flavescent, avec l'extrémité obscure. *Palpes maxillaires* noirs. *Prothorax* noir, orné en devant d'une bordure d'un blanc flavescent, égale environ au septième de la longueur : cette bordure, liée de chaque côté à une tache irrégulièrement quadrangulaire, plus large que longue, prolongée à son côté interne environ jusqu'aux deux cinquièmes de la longueur, couvrant presque les deux tiers du bord latéral, un peu sinuée à son bord postérieur. *Ecusson* noir. *Elytres* d'un jaune testacé ; parées chacune d'une bande noire, en forme d'arc transversal dirigé en arrière, naissant de l'écusson, étendu jusqu'au calus, offrant près de la suture, à son bord postérieur, une sorte de feston ou une sorte de dent très-obtuse : cette bande arquée laissant entre lui et la base un espace d'une teinte plus claire que le reste. *Dessous du corps* et *pieds* noirs. *Epimères des médi* et *postpectus*, blanches.

Patrie : la Californie (collect. Buquet).

Obs. Je n'ai vu que l'un des sexes.

HALYZIAIRES.

3. **Anatis circe.** *Ovale ; médiocrement convexe. Prothorax d'un blanc flavescent ; marqué sur son disque d'une sorte de M noire. Ecusson blanc. Elytres chargées d'un pli tranverse vers les cinq sixièmes de la longueur ; d'un jaune testacé, ornées chacune de neuf points noirs : deux près de la base (l'externe sur le calus) : trois en rangée arquée en arrière vers le tiers de la longueur : trois en rangée transversale vers les deux tiers : le neuvième sur le milieu du pli.*

Long. 0,0078 (3 1/2 l.). Larg. 0,0061 (2 3/4 l.).

Corps ovale ; médiocrement convexe ; pointillé ; luisant en dessus. *Tête* noire, parée d'une bordure postérieure et d'une autre au côté interne des yeux, d'un blanc flavescent. *Antennes* et *palpes maxillaires* d'un jaune testacé : les premières, obtuses à l'extrémité. *Prothorax* d'un blanc livide ou flavescent ; paré sur le disque d'une sorte d'M noire, paraissant formée de taches unies. *Ecusson* d'un blanc flavescent. *Elytres* d'un jaune testacé ; chargées d'un pli transverse vers les cinq sixièmes de la longueur ; ornées chacune de neuf taches ponctiformes, noires : les première et deuxième formant avec leurs semblables une rangée très-faiblement arquée en arrière : la deuxième ou externe, sur le calus : la première ou interne, de moitié plus rapprochée de la deuxième que de la suture : les troisième, quatrième et cinquième, constituant sur chaque élytre une rangée arquée en arrière, vers le tiers de la longueur : la troisième, située près de la suture : la cinquième, voisine du bord externe : la quatrième, plus petite, plus postérieure, plus rapprochée de la cinquième que de la troisième : les sixième, septième et huitième constituant avec leurs pareilles une rangée transversale vers les deux tiers de la longueur : la sixième aussi voisine de la suture que la troisième : la huitième, à peine aussi voisine du bord extérieur que la cinquième : la septième, plus petite, un peu plus rapprochée de la huitième que de la septième : la neuvième, obliquement transversale, sur le pli, vers le milieu de la largeur : les troisième, cinquième, sixième et huitième, les plus grosses. *Dessous du corps* et *pieds* d'un jaune testacé : partie médiaire de la poitrine et du ventre, noire.

PATRIE : la Chine (collection Buquet).

3. **Cleis licia.** *Brièvement ovale; médiocrement convexe ; d'un roux testacé ou d'un jaune d'ocre, luisant en dessus, un peu plus pâle en dessous : prothorax marqué de cinq points obscurs. Ventre nébuleux sur son milieu.*

Long. 0,0045 (2 l.). Larg. 0,0016 (2/3 l.).

Corps brièvement ovale; médiocrement convexe; presque lisse sur la tête et sur le prothorax, superficiellement et finement ponctué sur les élytres; d'un roux testacé ou d'un jaune d'ocre luisant, en dessus. *Tête*, *antennes* et *palpes* de même couleur. *Prothorax* marqué d'un point anté-scutellaire et de quatre autres disposés en demi-cercle autour de celui-ci, obscurs ou nébuleux. *Elytres* pourvues d'un rebord plan très-étroit. *Dessous du corps* un peu plus pâle que le dessus : médi et postpectus et partie médiaire du ventre, d'une teinte nébuleuse ou un peu obscure. mésosternum échancré à peine jusqu'au quart.

Patrie : la Chine (collect. Buquet).

3. **Propylea conglobata.** *Brièvement ovale. Prothorax flave, au moins en devant, sur les côtés et sur les parties latérales de la base. Elytres flaves, avec la suture, un trait subapical, et chacune quatre taches disposées presque comme celles d'un damier, noires. Côtés du ventre et pieds flaves, ou d'un flave pâle.*

Long. 0,0045 (2 l.). Larg. 0,0033 (1 1/2 l.).

Corps brièvement ovale ; convexe ou médiocrement convexe ; glabre ; pointillé ; luisant. *Tête* flave, ornée sur le front d'une tache noire, en carré large ; un peu obscure sur le disque de l'épistome. *Antennes* et *palpes* en partie flaves, en partie brunâtres. *Prothorax* échancré en devant, avec la partie médiaire de cette échancrure en ligne droite ; élargi d'avant en arrière sur les côtés, subcurvilinéairement près des angles, en ligne droite dans sa partie moyenne ; en arc médiocrement dirigé en arrière et peu sensiblement bissinué à la base ; convexe ; moins superficiellement pointillé que la tête ; flave en devant, sur les côtés et sur le sixième externe de la base, noir sur le reste : la partie noire, arquée en devant et entaillée sur la ligne médiane, dilatée de chaque côté comme si un point noir était lié à elle, couvrant les deux tiers médiaires de la base. *Ecusson* triangulaire; noir. *Elytres* ornées d'une bordure suturale, d'un trait transversal subapical, et chacune de quatre taches presque carrées et disposées comme celles d'un damier, noires : la première, irrégulière, couvrant le calus, prolongée jusqu'au quart de sa longueur à son côté interne, plus prolongée à son côté externe et comme liée et confondue à une autre tache : la deuxième, carrée, liée à la bordure suturale, du quart presque à la moitié ; liée par son angle antéro-externe à l'angle postéro-externe de la première, et par son angle postéro-externe à l'angle antéro-interne de la troisième : celle-ci, presque en parallélogramme de moitié plus long que large, située dans la direction longitudinale de la première, liée par son angle postéro-interne à la quatrième : celle-ci transversale, unie à la bordure suturale. *Dessous du corps* noir, avec les côtés du ventre largement flaves. *Pieds* de cette dernière couleur.

Patrie : la Chine (collect. Buquet).

Obs. Elle a la plus grande analogie avec la *P. 14-punctata*, var. D, et peut-être n'en est-elle qu'une variété singulière. Elle se distingue toutefois de celle-ci, par la tache indiquée comme la troisième dans l'état normal de la *P. 14-punctata*, intimement confondue avec la quatrième ; par la sixième, nulle ; par la cinquième (correspondant à la troisième de la *14-punctata*) plus longue que large en raison de la nullité de la tache subexterne ; par les côtés du ventre et les pieds d'un flave à peu près uniforme.

CARIAIRES.

15d. **Leis calypso**. *Brièvement ovale. Prothorax d'un blanc flavescent, noir sur la partie médiaire. Elytres noires, ornées chacune d'une tache subarrondie, jaune, couvrant le quart médiaire de la longueur et du tiers aux cinq sixièmes de la largeur.*

Long. 0,0067 (3 l.). Larg. 0,0056 (2 1/2 l.).

Corps brièvement ovale ; convexe ou médiocrement convexe ; pointillé ; brillant en dessus. *Tête* noire. *Antennes* et *palpes* testacés : les seconds, obscurs à l'extrémité. *Prothorax* d'un blanc flavescent, noir sur sa partie médiaire : celle-ci, aussi large en devant que le bord postérieur de l'échancrure, arquée en dedans à ses côtés, couvrant les deux tiers médiaires environ de la base. *Ecusson* noir. *Elytres* subarrondies postérieurement ; convexes ou médiocrement convexes, mais extérieurement peu déclives et formant une tranche égale environ au dixième de la largeur, vers le tiers de la longueur; noires, parées chacune d'une tache jaune brièvement en ovale transverse ou subarrondie, couvrant le quart médiaire de la longueur et du tiers interne aux cinq sixièmes de la largeur : *repli* noir. *Dessous du corps* noir : côtés du ventre parés d'une large bordure d'un orange testacé, dentée à son côté interne. *Pieds* noirs : soles des tarses roussâtres.

PATRIE : la Chine (collect. Buquet).

COELOPHORAIRES.

9B. **Coelophora symbolica.** *Subhémisphérique ; d'un jaune testacé en dessus. Prothorax paré de deux gros points noirs, liés à la base et situés chacun près de la ligne médiane. Elytres ornées d'une bordure suturale étroite, ovalairement dilatée aux cinq sixièmes de la longueur, liée vers le tiers à une tache dilatée jusqu'au tiers de la largeur ; parées d'un gros point sur le calus, et d'une bande longitudinale prolongée près de la tranche, depuis les deux jusqu'aux cinq septièmes de la longueur, noirs.*

Long. 0,0051 (2 1/4 l.). Larg. 0,0039 (1 3/4 l.).

Corps subhémisphérique; pointillé; d'un jaune testacé en dessus. *Tête, antennes* et *palpes* de même couleur ou d'une teinte rapprochée. *Prothorax* orné de deux gros points noirs, liés à la base, près de la ligne médiane, égaux chacun au cinquième au moins de la largeur du bord postérieur. *Elytres* ornées d'une bordure suturale, de deux taches et d'une bande longitudinale raccourcie à ses extrémités, noires : la bordure suturale, naissant à l'extrémité de l'écusson, où elle est à peine plus large que le rebord, un peu moins étroite ensuite; liée au tiers de la longueur avec la deuxième tache, et ovalairement renflée vers les cinq sixièmes en forme de tache suturale : la première tache ponctiforme, située sur le calus, égale au cinquième de la largeur : la deuxième, plus grosse, liée à la bordure suturale, vers le tiers de la longueur, étendue jusqu'au tiers interne de la largeur, figurant une courte bande transversale croisant la bordure suturale : la bande longitudinale, prolongée des deux aux cinq septièmes de la longueur, près de la tranche marginale à laquelle elle est presque parallèle, pouvant paraître formée de deux taches unies : fossettes du repli médiocrement prononcées. *Repli*, *dessous du corps* et *pieds* d'un jaune testacé : épimères du médipectus plus pâles : disque du postpectus noir ou obscur.

Patrie : la Chine (collect. Buquet).

Obs. La tache juxta-suturale pourrait peut-être se montrer quelquefois isolée de la suture, et la bande longitudinale interrompue dans son milieu.

CHILOCORAIRES.

1_B. **Chilocorus monachus**. *Dessus du corps très-convexe et subcomprimé. Tête d'un rouge testacé. Prothorax noir. Elytres marron ou d'un brun marron, souvent d'une teinte graduellement plus claire sur un espace indéterminé, près de l'écusson. Repli noir extérieurement, d'un rouge testacé sur sa moitié interne. Dessous du corps et pieds de cette dernière couleur.*

Long. 0,0042 (1 7/8 l.). Larg. 0,0033 (1 1/2 l.).

Corps subhémisphérique; très-convexe et subcomprimé; pointillé : luisant en dessus. *Tête* fauve ou d'un rouge testacé. *Prothorax* peu ou point émoussé aux angles ; en ligne droite sur les côtés ; de moitié à peine aussi long à ceux-ci que sur la ligne médiane ; faiblement relevé en rebord sur les côtés ; tronqué ou émoussé au devant de l'écusson et sinué de chaque côté de cette faible troncature, à la base ; noir ou brun, peu distinctement d'un brun rouge à son bord antérieur, entre chaque sinuosité postoculaire et les angles de devant. *Elytres* très convexes, mais sensiblement moins déclives extérieurement ou offrant une tranche peu nettement limitée, assez étroite ; moins finement ponctuées sur cette tranche que sur le dos ; d'un brun marron ou de couleur marron, avec le dos souvent d'une teinte plus claire, sur un espace indéterminé et à limites peu précises, couvrant parfois la moitié interne de la largeur depuis la base jusqu'à la moitié environ de la longueur. *Repli* noir sur la moitié externe, d'un rouge testacé sur l'interne. *Dessous du corps* et *pieds* d'un rouge testacé.

PATRIE : la Chine (collect. Buquet).

OBS. La teinte du dessus du corps pourrait peut-être se montrer parfois plus foncée et passer au noir, sans laisser de traces d'un espace plus clair.

Le *Chilocorus bivulnerus* est identique à la *Coccinella stigma*, SAY, Boston, journ. t. 1. p. 203. Il est nécessaire de lui conserver cette dénomination. Voyez MELSHEIM. Catal. (1853) p. 130.

EXOCHOMAIRES.

8B. **Orcus cerberus.** *Subhémisphérique. Prothorax et élytres noirs : le premier à peine bordé de jaunâtre aux angles de devant et à la sinuosité postoculaire : les secondes, sans taches. Tête, poitrine et pieds d'un rouge testacé. Ventre d'un jaune testacé.*

Long. 0,0033 (1 1/2 l.). Larg. 0,0028 (1 1/4 l.).

Corps subhémisphérique, pointillé : brillant, en dessus. *Tête* d'un rouge testacé. *Prothorax* subarrondi sur les côtés ; à peine émoussé aux angles de devant ; sensiblement sinueux de chaque côté de la partie médiaire de la base ; noir, étroitement et souvent peu distinctement paré d'une bordure jaunâtre soit aux angles de devant, soit vers la sinuosité postoculaire. Elytres subarrondies ou largement en ogive postérieurement ; très-convexes ; à tranche inclinée et étroite ; sans tache : repli noir ; creusé de fossettes profondes pour loger l'extrémité des cuisses intermédiaires et postérieures. *Repli prothoracique* creusé d'une fossette. *Dessous du corps* d'un rouge testacé sur la poitrine, d'un jaune testacé sur le ventre. *Pieds* d'un rouge testacé.

PATRIE : la Chine (collect. Buquet)

Ajoutez à la synonymie de l'*Ex. tripustulatus* :

Chilocorus verrucatus, MELSHEIM., Proceed. of the Acad. of nat. scient. of Philadelph. t. 3, p. 180. — MELSHEIM., Catal. (1853) p. 130.

Rectifiez de la manière suivante la synonymie de l'*Ex. marginipennis* :

Exochomus marginipennis; LE CONTE.

Coccinella marginipennis, LE CONTE, Ann. of Lyceum of New-Yorck, t. 1 p. 173.
Exochorus prætextatus, MELSH. Proceed. of the Acad. of nat. scienc. of Philadelph. t. 3, p. 180.
Voy. MELSHEIM. Catal. (1853) p. 130.

BRACHYACANTHAIRES.

Au genre *Brachyacantha* appartiennent les espèces suivantes :

Brachyacantha albifrons; SAY.

Coccinella albifrons, SAY. Journ. of. the Acad. of Philadelph. t. 4, p. 94, 6. — MULS. Spec. p. 1049.
Voy. MELSHEIM. Catal. (1853) p. 130.

B. 10-pustulata; MELSHEIM. *Noire, avec la tête, les bords latéraux du prothorax et dix taches sur les élytres, fauves. Pieds d'un jaune testacé.*

Hyperaspis 10-pustulata, MELSHEIM. Proceed. of the Acad. of the nat. scienc. of Philadelph. t. 3, p. 177, 2.
Brachyacantha fulvopustulata, MELSHEIM. l. c. p. 178, 2. — *Id.* Catal. (1853), p. 130.

PATRIE : les Etats-Unis.

Rectifiez de la manière suivante les noms des espèces ci-après.

B. basalis ; Melsheimer, au lieu de **B. confusa.**

Brachyacantha basalis, Melsh. *in* Proceed. of the Acad. of nat. scienc. of Philadelphia, t. 3 (1848) p. 179. 3.— *Id.* Catal. (1853) p. 130.

B. quadripunctata ; Melsh. au lieu de **B. diversa.**

Brachyacantha quadripunctata, Melsh. Proceed. loc. cit. p. 178.—*Id.* Catalogue (1853) p. 130.

HYPERASPIAIRES.

Suivant M. Melsheimer, la *Cocc. undulata* de Say (Journ. of the Acad. of Philadelph. t. 4, p. 92),est bien, ainsi que je l'avais indiqué, mon *Hyper. elegans*. Peut-être, selon le Catalogue du savant précité, est-ce la *Cocc. lugubris* de Randall? (Voy. Melsh. Catal. (1853) p. 131).

M. Melsheimer, quand mon Spéciès était à l'impression, publiait dans le t. 3, p. 180 des Procès-verbaux de l'Académie des Science de Philadelphie , sous le nom de **H. fimbriolata** , l'espèce que j'ai décrite sous le nom de **rufomarginata**. Le premier de ces noms doit lui être restitué. (Voy. Melsh., Catal. (1853) , p. 131.

Ajoutez comme synonyme de l'**H. signata** ; Oliv.

Hyperaspis leucopsis, Melsheim. *in* Proceed. of the Acad. of nat. scienc. of Philadelph. t. 3. (1848). 179. — Melsh. Catal. (1853), p. 131.

Mettez :

Au lieu de : **H. Guexi**, Muls. Spec. p. 687. (Voy. Melsh. Catal. (1853) p. 131.

H. bigeminata ; Randall.

Coccinella bigeminata , Randall , Descript. of n. spec. of Coleopt. of Maine, *in* Boston , Journ. of. Nat. Hist. t. 2. p. 32. — Muls. Spec. p. 1050.

EPILACHNAIRES.

112 B. **Epilachna serva.** *Ovale ; pubescente. Prothorax et élytres d'un roux brunâtre ou d'un roux testacé brunâtre : le premier, paré sur ses côtés d'une bordure flave : les secondes, ornées chacune, depuis l'épaule jusqu'à l'angle sutural, d'une bordure flave et d'une bordure noire, au dedans de celle-ci. Suture noire.*

Long. 0,0190 (4 l.). — Larg. 0,0067 (3 l.).

Corps ovale; convexe; garni d'un duvet cendré, d'un roux brunâtre ou d'un roux testacé brunâtre, en dessus. *Tête, antennes* et *palpes,* de même couleur. *Prothorax* paré sur les côtés d'une bordure flave ou d'un flave roussâtre, étendue en devant jusqu'à la sinuosité postoculaire, graduellement rétrécie jusqu'à l'angle postérieur; offrant, au-dedans de celle-ci, une bordure noirâtre, plus ou moins marquée, prolongée derrière le bord antérieur. *Ecusson* de la couleur foncière. *Elytres* arrondies aux épaules presque à partir des angles du prothorax, offrant vers leur tiers leur plus grande largeur, rétrécies en ogive dans leur tiers postérieur; convexes; d'un roux testacé brunâtre; parées, depuis l'épaule jusqu'à l'angle sutural, d'une bordure flave, presque uniforme, à peine égale au douzième de la largeur; ornées au côté interne de celle-ci d'une bordure noire une fois plus large; marquées d'une bordure suturale également noire, à peine plus large que la marginale flave. *Repli* d'un flave roussâtre sur sa moitié externe, d'un roux brun sur l'interne. *Dessous du corps* d'un roux brun. *Plaques abdominales* prolongées jusqu'aux trois cinquièmes de l'arceau. *Pieds* d'un roux testacé brunâtre.

PATRIE : Quito (collect. Buquet).

ASPIDIMÉRAIRES.

2B. **Aspidimerus ? stellaris.** *Ovale ; convexe; pubescent ; noir en dessus. Elytres ornées chacune d'une tache d'un jaune orangé subarron-*

die, plus large que longue, couvrant le sixième submédiaire de la longueur et depuis le tiers environ jusqu'aux trois cinquièmes de la largeur. Dessous du corps et pieds, noirs.

Long. 0,0033 (1 1/2 l.) Larg. 0,0022 (1 l.).

Cet insecte est un Aspidiméraire. Il se rapproche du *Cryptogonus orbiculus*, dont il semble néanmoins différent; mais l'exemplaire que j'ai eu sous les yeux était trop englué de gomme pour pouvoir être décrit avec exactitude.

Patrie : la Chine? (collect. Buquet).

SCYMNIAIRES.

Les *Scymnus ochroderus*, Muls. et *xanthaspis*, Muls. paraissent ne constituer qu'une même espèce offrant quelques variations, et doivent être réunies sous la première de ces dénominations. (Voy. Melsheim. Catal. (1853) p. 131.

Au sous-genre *Diomus* paraît appartenir l'espèce suivante :

S. ornatus; Le Conte. *Elliptique; convexe; densement et légèrement ponctué; noir : élytres ornées chacune d'une grande tache oblique située avant le milieu, et, après celui-ci, d'une autre grande orbicutaire, d'un roux clair : base des antennes, tibias et tarses, d'un fauve roux. Plaques abdominales oblitérées extérieurement : mésosternum large, un peu échancré.*

Scymnus ornatus, J. L. Le Conte, Gen. Rem. up. the Coleopt. of Lak. sup. p. 239. 52.

Patrie : les environs du lac Supérieur.

Au lieu de :

Sc. chatchas, Muls. mettez : **Sc. collaris**; Melsh.

Scymnus collaris, Melsh. in Proceed. of the Acad. of Nat. Scienc. of Philadelph. t. 3 (1848) p. 180. 1. — Melsh. Catal. (1853) p. 131.

Peut-être l'espèce portant le nom de *Sc. creperus* (Speciès, p. 985) est-elle la même que celle décrite quelque temps auparavant par M. Le Conte (Lak. super. p. 238), sous la dénomination de *caudalis* (Voy. Melsh. Catal. (1853), p. 181.

L'insecte considéré comme étant le ♂ du *Sc. caudalis* (loc. citat.), se rapporte au *Scym. fastigiatus*, Muls. (Speciès, p. 986). (Voy. Melsh., catal. (1853), p. 181.

Au lieu de :

Sc. fastigiatus, Muls. Mettez **Sc. consobrinus** ; Le Conte. Lak. Sup. p. 238. (Voy. Melsh. Catal. (1853) p. 131.

A la division AA. se rapporte l'espèce suivante :

S. lacustris ; Le Conte. *Brièvement ovale ; convexe ; ponctué ; noir. Mésosternum large, presque tronqué. Plaques abdominales entières, ponctuées à la base, atteignant presque le bord marginal du premier arceau.*

Scymnus lacustris, J. L. Le Conte, Gener. Remark. up. the Coleopt. of Lak. super. p. 239. 51.

Long. 0,0009 (1/2 l.).

♂ Dernier arceau de l'abdomen creusé d'une impression triangulaire profonde ; moins densement ponctué à la base. Pieds roux ou bruns bordés de roux.

♀ Dernier arceau de l'abdomen entier ; uniformément et densement ponctué. Antennes et pieds noirs : les dernières de ceux-ci, parfois roux.

Patrie : les environs du Lac Supérieur.

TABLE

DES ADDITIONS ET DES RECTIFICATIONS

A MON CATALOGUE DES COCCINELLIDES (1853) [1].

Hippodamiaires.

HIPPODAMIA, Chevr.

Leporina, Muls. n. sp. Californie.

Convergens, Guer.
Modesta, Melsheim.

NAEMIA, Muls.

Seriata, Melsh.
Litigiosa, Muls.

Coccinellaires.

ANISOSTICTA, Chevrolat.

Dohrniana, Muls. n. sp. Hongrie.

ADONIA, Muls.

Interrogans, Muls. n. sp. Chine.

HARMONIA, Muls.

Dionea, Muls. n. sp. Chine.

Venusta, Melsh.
Notulata, Muls.

Picta, Randall.
Contexta, Muls.

COCCINELLA, Linné.

Juliana, Muls. n. spec. Californie.

Halyziaires.

ANATIS, Muls.

Circe, Muls. n. sp. Chine.

15-punctata, Oliv.
Mali, Say.
Labiculata, Say.

---

[1] Opuscules Entomol. 3e cahier. — Ann. de la Soc. Linn. de Lyon, 1853.

CLEIS, MULS.
Licia, Muls. n. sp. Chine.

PROPYLEA, Muls.
Conglobata, Muls. n. spec. Chine.

Cariaires.

LEIS, Muls.
Calypso, Muls. n. sp. Chine.

Cœlophoraires.

COELOPHORA, MULS.
Symbolica, Muls. n. sp. Chine.

Chilocoraires.

CHILOCORUS, Leach.
Monachus, Muls. n. sp. Chine.
{ Bivulnerus, (Dej.) Muls.
{ *Stigma*, Say.

Exochomaires.

ORCUS, Muls.
Cerberus, Muls. n. sp. Chine.

EXOCHOMUS, Redtenb.
{ Tripustulatus, de Geer.
{ *Verrucatus*, Melsh.
{ Marginipennis, Le Conte.
{ *Prætextatus*, Melsh.

Brachyacanthaires.

BRACHYACANTHA, Chevr.
Albifrons, Say Etats-Unis.
{ Decempustulata, Melsh. id.
{ *Fulvopustulata*, Melsh.
{ Basalis, Melsh.
{ *Confusa*, Muls.
{ Quadri-punctata, Melsh.
{ *Diversa*, Muls.

Hypéraspiaires.

HYPERASPIS (Chevrolat), Redtenb.
{ Fimbriolata, Melsh.
{ *Rufo-maginata*, Muls.

Signata, Oliv.
Leucopsis, Melsh.

Bigeminata, Randall.
Guexi, Muls.

Epilachnaires.

Epilachna, Chevr.

Serva, Muls. n. sp. — Equateur.

Aspidiméraires.

Aspidimerus, Muls.

Stellaris, Muls. n. sp. — Chine

Scymniaires.

Scymnus, Kugel.

(*Diomus*).

Ornatus, Le Conte. — Lac supérieur

(*Pullus*).

Collaris, Melsh.
Chatchas, Muls.

Caudalis, Le Conte.
Creperus? Muls.

Consobrinus, Le Conte.
Fastigiatus, Muls.
Caudalis, Le Conte.

Lacustris, Le Conte. — Lac supérieur.

DESCRIPTION

D'UNE

NOUVELLE ESPÈCE DE LONGICORNE

CONSTITUANT UN NOUVEAU GENRE

DANS CETTE TRIBU DE COLÉOPTÈRES,

PAR

E. MULSANT.

Présentée à la Société Linnéenne de Lyon, le 10 mars 1856.

Genre *Menesia*, Menesie.

Caractères. *Elytres* presque planes longitudinalement sur le dos, convexement déclives sur les côtés ; presque parallèles dans leur seconde moitié ; subarrondies à l'extrémité ou obliquement coupées dans leur moitié interne. *Antennes* subfiliformes ou presque sétacées, un peu plus longues que le corps ; ciliées en dessous ; à troisième et quatrième articles à peu près égaux ; insérées dans l'échancrure des yeux. *Front* bombé. *Yeux* très-profondément échancrés, mais non divisés : la partie antérieure plus grosse, subarrondie. *Pieds* courts. *Jambes intermédiaires* échancrées vers l'extrémité de leur arête externe. *Ongles* simples.

L'insecte qui sert de base à ce genre s'éloigne, par ses yeux non divisés, des Polyopsies, dont il se rapproche par son port, par sa petitesse, par les troisième et quatrième articles de ses antennes presque égaux. Ce dernier caractère l'éloigne des Saperdes.

Menesia Perrisi.

Corps hérissé de poils fins et obscurs ; noir, avec les pieds d'un jaune orangé : deux taches subponctiformes sur la partie postérieure de la tête, une bande longitudinale médiaire sur le prothorax, deux taches ponctiformes sur chaque élytre : l'une petite, près de la suture aux trois cinquièmes : l'autre ronde, plus grosse, entre celle-ci et l'extrémité, formées de poils blancs ; une bande longitudinale sur les postépisternums, une bordure interrompue dans son milieu sur le bord des quatre premiers arceaux du ventre, formées de poils semblables.

Long. 0,0036 (1 2/3 l.). Larg. 0,0016 à 0,0018 (2/3 à 3/4 l.).

Corps presque parallèle. *Tête* perpendiculaire ; pointillée ; hérissée de poils fins, obscurs ; bombée sur le front ; noire ou d'un noir un peu ardoisé, ornée sur sa partie supérieure de deux taches subponctiformes, produites par des poils blancs : labre noir. *Palpes* d'un fauve brunâtre. *Yeux* très-pronfondément échancrés, mais non divisés en deux parties. *Antennes* insérées dans cette échancrure ; au moins aussi longues que le corps ; de onze articles ; sétacées, grêles ; à premier article plus gros, un peu renflé dans son milieu : le troisième à peu près égal au quatrième ou à peine plus grand que lui ; brièvement pubescentes ; ciliées en dessous ; à premier article noir : les autres bruns ou d'un brun cendré. *Prothorax* moins long que large ; tronqué en devant, tronqué ou à peine bissubsinué à la base ; presque cylindrique ou à peine renflé dans le milieu de ses côtés ; sans rebord à ceux-ci ; très-étroitement rebordé à la base, à peine relevé en rebord dans le milieu de son bord antérieur ; pointillé ; hérissé de poils fins et obscurs ; noir, paré longitudinalement sur la ligne médiane d'une bande formée de poils d'un blanc de lait, et un peu relevée en carène. *Ecusson* presque carré ; revêtu d'un duvet d'un blanc de lait. *Elytres* d'un tiers plus larges en devant que le prothorax ; quatre fois à peu près plus longues que lui; parallèles jusqu'aux quatre cinquièmes; échancrées chacune dans la moitié interne de leur bord postérieur, et offrant par-là une sorte de petite dent au milieu de ce bord ; planes sur le dos, perpendiculaires sur les côtés jusqu'aux trois quarts de leur longueur et graduellement convexement déclives vers l'extrémité ; à fossette humérale légère ; marquées à la base de gros points qui vont en s'affaiblissant, presque imponctuées à l'extrémité ; hérissées de poils noirs fins et obscurs; noires; parées chacune de deux taches ponctiformes formées par un duvet blanc de lait : l'antérieure, petite, située près de la suture, vers les trois cinquièmes de la longueur : l'autre plus grosse, arrondie, située vers les six septièmes de la longueur. *Dessous du corps* hérissé de poils obscurs ; presque imponctué ; noir, avec les épimères du médipectus, les postépisternums et la partie latérale du bord postérieur des quatre premiers arceaux du ventre, couverts de poils blancs : la bordure des anneaux du ventre graduellement rétrécie à partir des côtés jusque près de la ligne médiane où elle s'efface. *Pieds* d'un jaune orangé.

Cette espèce a été trouvée dans les environs de Mont-de-Marsan (Landes), par M. Perris, l'une de nos gloires entomologiques.

Obs. Cet insecte paraît avoir beaucoup d'analogie avec la *Poly. bipunctata* décrite par Zubkoff et par Germar ; mais elle s'en distingue par ses yeux non-divisés; par la tête ornée de deux taches ponctiformes formées par des poils ; par les élytres parées chacune de deux taches semblables au lieu d'une; par la postérieure de ces taches, orbiculaire au lieu d'être en demi-lune.

DESCRIPTION

DE DEUX

NOUVELLES ESPÈCES DE COLÉOPTÈRES

CONSTITUANT UN GENRE NOUVEAU

DANS LA FAMILLE DES ULOMIENS,

PAR

P. PERROUD et E. MULSANT,

(Présentée à la Société Linnéenne de Lyon, le 14 juillet 1856.)

Genre *Melasia*, Melasie (Chevrolat).

(Μέλας ; noir.)

Caractères. *Antennes* grossissant graduellement à partir du cinquième article : le premier subcylindique : le deuxième court : le troisième un peu plus étroit et à peine aussi long que le suivant : les quatrième et cinquième submoniliformes : les sixième à dixième plus sensiblement comprimés, transverses, presque en parallélipipèdes à angles émoussés ou écointés, non en forme de coupe : le onzième, ovalaire. *Yeux* transverses ; échancrés dans leur milieu. *Prothorax* bissinué à la base, avec le tiers médiaire de celle-ci arqué en arrière et plus prolongé que les angles postérieurs. *Repli* des élytres non prolongé jusqu'à l'angle sutural. *Menton* en ovale transverse. *Postépisternum* environ une fois plus large en devant qu'en arrière. *Jambes de devant* élargies depuis la base jusqu'à l'extrémité ; denticulées sur leur arête externe. *Premier article des tarses postérieurs* plus long que les deux suivants réunis ; au moins aussi grand que le dernier. *Corps* environ une fois plus long que large.

Ces insectes se distinguent des Ulomes, avec lesquels ils ont beaucoup de rapports, par leur corps moins allongé ; par les articles sixième à dixième des antennes non en forme de coupe, n'ayant pas le bord antérieur de ces articles coupés en ligne droite, ni les angles de devant vifs; surtout par la forme de leur menton, en ovale transverse, au lieu d'être obtriangulaire.

1. M. gagatina.

Ovalaire oblongue ; une fois au moins plus longue que large ; peu fortement convexe ; d'un noir luisant ; parties de la bouche, antennes, extrémité des jambes et tarses, d'un rouge testacé. Prothorax de deux tiers, au moins plus large en arrière qu'il est long sur son milieu ; muni sur les côtés d'un rebord un peu plus large dans le milieu de sa seconde moitié : pointillé. Elytres offrant vers le milieu leur plus grande largeur ; à neuf stries ponctuées et assez profondes : les deuxième à septième oblitérées à leur extrémité. Intervalles un peu crénelés par les points des stries ; presque pointillés ; presque plans.

Long. 0,0078 à 0,0084 (3 1/2 à 3 3/4 l.). Larg. 0,0045 (2 l.).

Corps ovalaire oblong ; une fois au moins plus long qu'il est large vers les deux tiers ; peu fortement ou assez médiocrement convexe ; d'un noir luisant ou brillant, en dessus. *Tête* subconvexe ; pointillée ; offrant entre les yeux les faibles traces d'un sillon transverse ; échancrée en arc assez faible au bord antérieur du front ; noire ou d'un noir brun, moins foncé en devant : *labre* et parties de la bouche d'un roux ou d'un rouge testacé. *Antennes* de même couleur. *Prothorax* assez faiblement échancré en devant avec les angles sensiblement avancés ; élargi en ligne courbe jusqu'à la moitié, subparallèle ensuite ; à angles postérieurs rectangulaires, peu ou point émoussés ; bissinué à la base, c'est-à-dire en arc ou presque en angle obtus dirigé en arrière dans le tiers médiaire de celle-ci et plus prolongé que les angles ; assez faiblement sinué entre cette partie arquée et les angles postérieurs, presque en ligne droite sur la partie externe de sa base ; muni en devant d'un rebord très-faible, interrompu dans son milieu ; sans rebord à la base ; pourvu sur les côtés d'un rebord graduellement élargi jusque vers la moitié, presque uniformément plus large ensuite jusque près des angles postérieurs, où il se rétrécit et s'affaiblit ; de deux tiers ou de trois quarts plus large à la base qu'il est long sur son milieu ; convexe ; d'un noir luisant ; peu densement et assez superficiellement pointillé. *Ecusson* en triangle moins long que large, à côtés curvilignes ; noir ; presque impointillé. *Elytres* à peine élargies, dans leur milieu ; rétrécies ensuite en ligne courbe jusqu'à l'angle sutural, et plus sensiblement à partir des deux tiers ; peu fortement convexes ; d'un noir luisant ; à neuf stries non avancées tout-à-fait jusqu'à la base (seulement les sixième à huitième), ponctuées : les première ou deuxième à septième ou huitième oblitérées à leur extrémité : les quatrième et cinquième plus courtes, prolongées à peine au-delà des trois quarts de la longueur ; à strie juxta-suturale rudimentaire, obsolète. *Intervalles* presque plans ou à peine subconvexes ; un peu crénelés par les points des stries ; presque impointillés. *Repli* non prolongé jusqu'à l'angle sutural. *Dessous du corps* noir ; luisant ; finement et longitudinalement rayé sur les côtés de l'antépectus ; offrant sur le ventre quelques rides obsolètes. *Prosternum* rebordé jusque vers l'extrémité des hanches ; dépassant un peu le bord de l'arceau. *Pieds* médiocres ; cuisses et jambes d'un noir brun, avec les genoux d'un rouge brun : tibias postérieurs graduellement fauves ou d'un fauve testacé : tibias antérieurs finement denticulés sur un peu plus de la seconde moitié de leur côté externe : tarses d'un rouge, d'un roux ou d'un fauve testacé, garnis de poils de même couleur, ainsi que l'extrémité des jambes. *Ongles* de même couleur.

Cette espèce, suivant M. Grué, habite la Sicile.

2. M. tarsalis (Chevrolat).

Ovalaire, subparallèle, moins d'une fois plus longue que large ; assez médiocrement convexes sur le dos, convexement déclives sur les côtés ; d'un noir luisant, avec les mâchoires, les palpes, les deux premiers articles des antennes, d'un rouge brun; les quatre premiers articles des tarses antérieurs et tous les ongles, d'un roux testacé. Prothorax une fois plus large en arrière qu'il est long sur son milieu, muni sur les côtés d'un rebord presque égal; superficiellement pointillé. Elytres offrant vers les trois cinquièmes leur plus grande largeur ; à neuf stries assez profondes jusqu'à leur extrémité, ponctuées. Intervalles un peu crénelés par les points des stries ; à peu près impointillés.

Melasia tarsalis (Chevrolat) in collect.

Long. 0,0090 à 0,0100 (4 à 4 1/2 l.) ; larg. 0,0051 à 0,0056 (2 1/4 à 2 1/2 l.) vers les trois cinquièmes des élytres.

Subparallèlement ovalaire ; moins d'une fois plus longue que large ; médiocrement convexe sur le dos, convexement déclive sur les côtés ; d'un noir luisant ou brillant, en dessus. *Tête* subconvexe ; superficiellement pointillée; rayée d'un sillon transverse entre les yeux, dans la partie correspondant à leur échancrure ; obtuse ou faiblement échancrée au bord antérieur du front ; noire, avec le bord antérieur du labre d'un brun rouge ; *mâchoires* et *palpes* d'un rouge brun. *Antennes* brunes, avec le deuxième article et ordinairement aussi le premier, d'un rouge brun ou d'un rouge ferrugineux. *Prothorax* assez faiblement échancré en avant, avec les angles antérieurs sensiblement avancés et assez vifs ; élargi en ligne courbe jusqu'aux deux cinquièmes ou trois septièmes de ses côtés, subparallèle ou faiblement élargi ensuite en ligne à peu près droite ; à angles postérieurs rectangulairement ouverts, peu ou point émoussés ; bissinué à la base, c'est-à-dire en arc ou presque en angle obtus, dirigé en arrière dans le tiers médiaire de celle-ci et plus prolongé que les angles, assez faiblement sinué entre cette partie arquée et les angles postérieurs, presque en ligne droite sur la partie externe de sa base ; muni en devant d'un rebord très-faible, interrompu dans son milieu ; sans rebord à la base ; pourvu sur les côtés d'un rebord presque égal, rétréci à ses extrémités ; un peu plus d'une fois plus large à la base qu'il est long sur son milieu ; convexe ; noir, luisant ; peu densement et superficiellement pointillé , surtout sur le disque. *Elytres* graduellement et faiblement élargies jusqu'aux trois cinquièmes , obtusément arrondies postérieurement, prises ensemble ; médiocrement convexes sur le dos, convexement déclives sur les côtés ; d'un noir luisant ; à neuf stries non avancées tout-à-fait jusqu'à la base (surtout les sixième à huitième), ponctuées et prononcées à leur extrémité : les quatrième et cinquième plus courtes, prolongées à peine jusqu'aux trois quarts, unies postérieurement et encloses par les voisines : à strie juxta-suturale rudimentaire ou obsolète : *Intervalles* subconvexes ; un peu crénelés par les points des stries ; presque impointillés. *Repli* non prolongé jusqu'à l'angle sutural. *Dessous du corps* d'un noir luisant ; chargé de lignes longitudinales légères, ridé longitudinalement sur le milieu des trois premiers arceaux du ventre. *Prosternum* rebordé presque jusque vers l'extrémité des hanches ; dépassant un peu le bord de l'arceau. *Pieds* médiocres ; noirs, avec les genoux d'un brun rouge, les quatre premiers articles des tarses antérieurs, les poils de l'extrémité des tibias postérieurs , ceux du dessous des tarses et les ongles, d'un roux testacé: tibias antérieurs finement denticulés presque sur toute la longueur de leur côté externe.

Patrie : le Sénégal.

Obs. Cette espèce a beaucoup d'analogie avec la précédente ; mais elle s'en distingue par son corps proportionnellement plus court, plus large, moins régulièrement convexe, offrant vers les trois cinquièmes ou un peu après plutôt que vers la moitié sa plus grande largeur, subparallèle dans la moitié médiaire de sa longueur au lieu d'être plus régulièrement ovalaire ; par son prothorax plus large relativement à sa longueur, muni sur les côtés d'un rebord plus régulier ; par les stries de ses élytres non oblitérées à leur extrémité ; par les intervalles de ces stries plus ou moins convexes ; par la couleur des antennes, des parties de la bouche et des tarses.

ADDITIONS ET OBSERVATIONS

RELATIVES

A LA MONOGRAPHIE DES PALPICORNES,

PAR

E. MULSANT,

(Présentées à la Société Linnéenne de Lyon, le 11 août 1855.)

Le genre *Tropisternus*, établi par Solier [1] dans la tribu des Palpicornes, paraissait jusqu'à ce jour ne devoir comprendre que des Coléoptères étrangers à l'Europe; or voici qu'une espèce de ce genre, et qui plus est une espèce mexicaine, vient d'être prise dans un ruisseau coulant dans la forêt des Maures, en Provence, par M. Robert, l'un de nos entomologistes méridionaux les plus zélés.

Avant de décrire cette espèce, pour les entomologistes qui n'auraient pas dans leur bibliothèque l'ouvrage de M. Chevrolat sur les Coléoptères du Mexique, rappelons la place que doit occuper dans la série zoologique la coupe générique à laquelle elle appartient.

Les Palpicornes compris dans ma famille des **Hydrophiliens**, se distinguent des autres insectes de cette tribu, par *le deuxième article des tarses postérieurs long : le premier étant très-court*, suivant les caractères plus concis indiqués par M. Lacordaire dans son excellent Genera.

La première branche de cette famille ou celle des **Hydrophilaires**, se distingue par ses *méso* et *métasternum unis et formant une saillie continue, terminée en pointe spiniforme*. Ils ont aussi les tarses intermédiaires et postérieurs plus sensible-

---

[1] Annales de la Soc. entomol. de France, t. 3 (1834), p. 299 à 318.

ment comprimés et plus densement ciliés que chez les insectes de la branche suivante ; mais on trouve à cet égard des espèces qui forment des transitions presque insensibles entre ces deux divisions. L'épine ou la pointe métasternale se prolonge généralement au-delà de la hanche. Les Hydrophilaires peuvent être partagés en deux rameaux :

Prosternum	court ; creusé d'une gouttière à sa partie postérieure ou supéro-postérieure.	HYDROPHILATES.
	relevé en carène, et sans gouttière à sa partie postérieure ou supéro-postérieure.	HYDRATES.

Les Hydrophilates se partagent eux-mêmes en deux genres :

Dernier article des palpes maxillaires	plus court que l'avant dernier. Septième et huitième articles des antennes lunulés. Pièce prébasilaire non creusée d'une fossette arrondie. Gouttière prosternale ordinairement presque horizontale ou déclive d'avant en arrière. Cinquième arceau ventral inerme. Ongles des pieds intermédiaires et postérieurs armés chacun en dessous d'une dent à moitié aussi longue que la branche principale.	*Hydrophilus.*
	presque aussi long, aussi long ou plus long que l'avant dernier. Septième et huitième articles des antennes non lunulés. Pièce prébasilaire creusée d'une fossette arrondie pour recevoir la tête du prosternum. Celui-ci creusé d'une fossette ordinairement verticale. Cinquième arceau du ventre généralement armé d'une épine, rarement réduite à une faible carène. Ongles des pieds intermédiaires et postérieurs munis chacun d'une dent presque nulle ou très-courte.	*Tropisternus.*

Genre *Tropisternus*, TROPISTERNE ; Solier (1).

(τρόπις, carène, στέρνον, sternum.)

CARACTÈRES. Dernier article des palpes maxillaires presque aussi long, aussi long ou même un peu plus long que l'avant

(1) *Annales de la Soc. entom.*, t. 3, p. 302 et 305.

dernier. *Labre* et *épistome* transverses. *Mandibules* cachées; bifides ou bidentées à l'extrémité. *Mâchoires* à deux lobes ; ciliées. *Menton* presque rectangulaire, un peu plus large que long. *Antennes* de neuf articles : le premier grand, déprimé, un peu arqué : le deuxième moins long, subcylindrique : les troisième à cinquième courts : le sixième élargi en entonnoir ou en oublie : les septième à neuvième subcomprimés, transverses, constituant avec le précédent une massue à peu près aussi longue que les cinq premiers réunis : les septième et huitième, non lunulés : le neuvième moins court. *Ecusson* grand ; en triangle. *Pièce prébasilaire* creusée d'une fossette pour recevoir la tête du prosternum : celui-ci creusé à sa partie postérieure d'une gouttière verticale ou presque verticale, pour recevoir la partie antérieure du mésosternum. *Méso* et *métasternum* constituant une saillie continue : le métasternum terminé par une pointe prolongée au-delà de l'extrémité des trochanters. *Ventre* ordinairement de cinq arceaux, offrant parfois une partie du sixième visible : le cinquième généralement armé d'une épine, rarement réduite à une faible carène. *Pieds* comprimés. *Tarses intermédiaires* et *postérieurs* longuement ciliés d'un côté. *Ongles* sans dent ou munis seulement d'une dent rudimentaire ou très-courte à la base de chacune de leurs branches.

Obs. A en juger par vingt espèces différentes examinées dans la magnifique collection de mon ami M. Perroud, la fossette prébasilaire, la direction de la gouttière prosternale et l'épine du cinquième arceau ventral, seraient, avec la longueur proportionnelle et un peu variable du dernier article des palpes maxillaires, les caractères les plus saillants de ce genre.

Il est étonnant qu'aucun des auteurs qui ont décrit ces insectes n'aient fait mention de l'épine parfois si prononcée dont le cinquième arceau ventral est armé.

Tropisternus apicipalpis, Chevrolat.

Elliptique ; d'un noir olivacé, en dessus : palpes et antennes d'un rouge testacé : dernier article des premiers, noir à son extrémité : massue des secondes d'un noir grisâtre. Tête armée de deux rangées de points convergentes sur le milieu du front, avancées, puis courbées jusqu'au milieu du devant de chaque œil. Prothorax marqué près des côtés d'une rangée courte et oblique de points. Elytres presque lisses. Dessous du corps et pieds noirs : ceux-ci bruns ou d'un brun rougeâtre vers les genoux. Cinquième arceau du ventre orné sur la moitié antérieure de sa ligne médiane, d'une forte épine comprimée et mi-relevée.

Hydrophilus apicipalpis, Chevrolat, Coléopt. du Mexique, première centurie, troisième fascicule (1834).

Tropisternus apicipalpis, de Castelnau, Hist. Nat. t. 2. p. 53. 3. — Lacordaire, Gener. t. 1. p. 452.

Long. 0,0123 à 0,0135 (5 1/2 à 6 l.). Larg. 0,0061 à 0,0067 (2 3/4 à 3 l.).

Corps elliptique ou ovale oblong; médiocrement convexe; glabre; presque lisse ; d'un noir olivacé, en dessus. *Tête* penchée; presque en triangle tronqué en devant; médiocrement convexe; d'un noir olivacé; lisse, marquée d'une rangée de points naissant vers le milieu du bord antérieur de chaque œil, avancée et courbée du côté interne, puis prolongée en arrière jusque sur le milieu du front, où elle se réunit en courbe étroite à sa pareille. Parties de la bouche et *palpes* d'un rouge testacé pâle : dernier article de ceux-ci, noir sur son dernier tiers postérieur. *Antennes* d'un rouge testacé pâle, avec la massue d'un noir grisâtre. *Yeux* d'un blanc livide, au moins après la mort, échancrés à leur partie postérieure. *Prothorax* bissinué en devant, avec les angles antérieurs anguleusement avancés dans l'échancrure postérieure des yeux ; élargi en ligne un peu courbe d'avant en arrière; coupé à la base en ligne presque droite ou plutôt très-légèrement arquée en devant, tronquée au devant de l'écusson, et légèrement sinuée de chaque côté de cette troncature; étroitement et à peine rebordé sur les côtés, dont les bords sont tranchants en dessous; sans rebord à la base; près d'une fois aussi large à cette dernière qu'il est long sur son milieu; convexe; lisse, marqué de chaque côté, d'une rangée oblique de points, naissant vers le tiers ou les deux cinquièmes de la longueur du segment prothoracique, près du bord latéral dont elle reste isolée, obliquement dirigée vers le centre, prolongée jusqu'aux trois cinquièmes environ de la longueur et le quart externe à peu près de la largeur; d'un noir olivacé. *Ecusson* triangulaire, plus long qu'il est large à la base; lisse; d'un noir olivacé. *Elytres* aussi larges en devant que le prothorax à sa base; trois fois environ aussi longues que lui; à peine élargies jusque vers la moitié de leur longueur, rétrécies ensuite en ligne courbe jusque près de l'angle sutural, où elles sont obtuses; très-étroitement rebordées; médiocrement convexes; presque lisses, offrant, à une forte loupe, des rangées de points longitudinales, superficielles et peu distinctes; d'un noir olivacé. *Repli* réduit à peu près à une tranche, par suite de sa surface repliée en dedans, graduellement rétrécie d'avant en arrière, offrant une sinuosité vers le milieu de sa longueur. *Dessous du corps* noir; garni d'un court duvet qui le fait paraître d'un noir légèrement olivâtre. Méso et métasternum saillants, presque plats en dessus : le mésosternum élargi dans son milieu : le métasternum faisant suite au précédent graduellement rétréci en pointe prolongée un peu au-delà du premier arceau ventral. Cinquième arceau ventral armé sur la première moitié de la longueur de sa ligne médiane d'une épine comprimée, obliquement relevée. *Pieds* noirs ou d'un noir brun, passant graduellement vers l'extrémité des cuisses et surtout sur les genoux au brun rouge ou même au rouge brun. *Cuisses* pubescentes à la base et presque jusqu'à la moitié de la longueur, glabres ensuite. *Jambes* de devant lisses, ornées près du bord externe d'une rangée longitudinale de points donnant chacun naissance à un poil souvent usé : jambes intermédiaires et postérieures ponctuées et garnies sur leurs deux tranches de poils spiniformes : les intermédiaires un peu moins longues que les trois premiers articles des tarses réunis.

Cette espèce a été prise au nombre de deux exemplaires par M. Robert, dans un ruisseau des montagnes des Maures (Var).

En créant le genre *Sternolophus*, Solier n'a pas indiqué la longueur approximative de la pointe métasternale, et M. de Castelnau [1] dit que le sternum est prolongé en arrière en une pointe *très-courte*. Cette indication m'avait porté à établir le genre *Helobius* [2] sur une espèce de Stenelophe, ayant l'épine prolongée jusqu'un peu au-delà de la moitié du second arceau ventral. Mais ayant eu depuis cette époque l'occasion de revoir les insectes de la collection Dejean, acquis par M. le docteur Jourdan pour le Musée de Lyon, j'ai reconnu que les espèces rentrant dans le genre établi par Solier, avaient l'épine métasternale assez longuement prolongée. Le genre *Helobius* doit donc être supprimé.

Voici la description de l'espèce sur laquelle il était fondé.

Sternolophus noticollis; Mulsant.

Ovale allongé ; d'un brun olivâtre et brillant en dessus. Palpes et base des antennes d'un fauve testacé ; extrémité des premiers, noirâtre. Prothorax marqué de chaque côté de deux rangées de points, naissant presque du bord latéral : l'antérieure, arquée : la postérieure obliquement dirigée en arrière. Ecusson moins de moitié plus long que large. Elytres à quatre rangées striales de points : les deux internes, prolongées presque jusqu'à l'extrémité et postérieurement réunies. Dessous du corps brun : côtés du ventre tachés de fauve obscur. Pieds de devant fauves, à base brune.

---

[1] Hist. nat. t. 2. p. 54.

[2] Mémoires de l'acad. des sc. de Lyon, nouv. série. t. 1. (1851) p. 75.

Helobius noticollis, Muls. Mém. de l'acad. des sc. de Lyon, nouv. série t. 1. (1851) (classe des sc.) p. 75.

Lon. 0,0107 (4 3/4 l.). Larg. 0,0056 (2 1/2 l.).

Corps elliptique ou en ovale allongé; d'un brun olivâtre; lisse et brillant, en dessus. *Tête* subconvexe ; marquée de chaque côté du front d'une sorte de ligne enfoncée, arquée ou anguleuse, formée par des points , naissant vers le bord antéro-interne de chaque œil, plus densement ponctuée dans sa moitié antérieure et s'éloignant graduellement de l'œil , dont elle se rapproche progressivement dans sa seconde moitié ; ornée sur l'épistome de deux arcs formés par des points, isolés l'un de l'autre par un espace égal environ au quart médiaire de la largeur, suivant chacun presque parallèlement le bord externe de l'épistome, jusque vers la partie postérieure de celui-ci. *Palpes* testacés ou d'un roux livide avec l'extrémité du dernier article brièvement noirâtre. *Antennes* d'un roux livide ou testacées, à massue d'un noir ou brun gris. *Prothorax* tronqué peu régulièrement en devant et en arrière; élargi en ligne presque droite, et très-étroitement rebordé sur les côtés ; convexe ; marqué de chaque côté de deux rangées de points : l'antérieure, arquée, naissant du bord externe, au septième de sa longueur, étendue jusqu'aux trois septièmes de sa largeur, d'abord presque parallèlement au bord antérieur, puis dirigée en arrière : la deuxième , naissant du bord latéral, un peu après le milieu de sa longueur, obliquement dirigée vers le quart interne de la largeur et les deux tiers de la longueur. *Ecusson* en triangle, moins de moitié plus long qu'il est large à la base; plus large à celle-ci que le tiers de chaque étui. *Elytres* faiblement plus larges en devant que le prothorax à ses angles postérieurs qu'elles embrassent un peu; faiblement élargies en ligne à peine courbe, jusqu'aux trois cinquièmes ou un peu plus de leur longueur, terminées en ogive obtuse, prises ensemble ; médiocrement convexes ; marquées de quatre rangées striales de points assez petits : ces rangées à peu près à égale distance : les deux internes, prolongées distinctement jusque près de l'extrémité et postérieurement réunies : page inférieure des élytres à neuf stries, jusqu'au repli au moins dans leur partie apparente. *Repli* réduit à peu près à une tranche, par suite de l'une de ses faces repliée en dedans. *Dessous du corps* noir ou d'un noir mat et brun ; garni d'un duvet court. *Prosternum* chargé d'une carène plus anguleusement prolongée en devant qu'en arrière. *Méso* et *métasternum* constituant une saillie continue, fauve ou d'un brun fauve, presque uniformément étroite dans la plus grande partie médiaire de sa longueur, comprimée et un peu rétrécie en devant, postérieurement terminée en pointe prolongée au moins jusqu'à la moitié du deuxième arceau ventral. *Ventre* orné sur le côté de chaque arceau, d'une tache fauve ou d'un fauve testacé ou obscur. *Pieds* antérieurs fauves, à base obscure et pubescente (les autres pieds manquent).

Cette espèce, communiquée par mon ami le capitaine Godart, a été prise dans les environs d'Oran.

Obs. Peut-être est-ce l'insecte décrit par M. de Castelnau, sous le nom de *Sternolophus Solieri*, et qu'il serait difficile de reconnaître au caractère indiqué d'une pointe sternale très-courte.

Quant au *Sternolophus rufipes* de Fabricius, en adoptant pour tel l'exemplaire de la collection Dejean inscrit sous ce nom, il peut être caractérisé ainsi :

Sternolophus rufipes ; Fabricius.

Elliptique ou ovale allongé ; noir et luisant en dessus. Palpes et base des antennes, testacés : extrémité des premiers, noirâtre. Prothorax marqué de chaque côté de deux rangées de points transversalement un peu arquées en arrière, naissant du bord latéral : la première, vers le cinquième : la deuxième, un peu après la moitié. Ecusson de moitié au moins plus long qu'il est large. Elytres offrant quatre rangées striales de points très-petits, et montrant entre celles-ci les traces d'une rangée plus superficielle. Dessous du corps brun : côtés du ventre tachés de fauve. Pieds d'un fauve roux ou d'un fauve testacé : base des cuisses antérieures brièvement noirâtre et pubescente.

Hydrophilus rufipes, Fabr. Entom. Syst. t. I. 1. p. 183. 6. — *Id.* Syst. Eleuth. t. 1. p. 251. 8. — Herbst, Naturs. t. 7. p. 307. 14. — De Casteln. Histoire naturelle, t. 2. p. 54. 2.

Long. 0,0107 (4 3/4 l.). Larg. 0,0056 (2 1/2 l.).

Patrie : les Indes Orientales, la Chine.

Chez les Hydrobiaires les *méso et métasternum ne forment pas une saillie continue. Leur métasternum, quand il se termine en pointe, atteint à peine le niveau du bord postérieur de la hanche.*

Les parties sternales fournissent, au moins pour la distinction des espèces, des caractères qui n'ont pas été utilisés. Ainsi les Hydrobies décrits dans mon Hist. nat. des Palpicornes pourraient être divisés de la manière suivante.

A. Epistome coupé en devant en ligne à peu près droite. Tête marquée au côté interne des yeux d'une fossette ponctuée ou d'une rangée oblique de points.

B. Métasternum relevé en devant en une lame à tranche horizontale aussi saillante que celle du mésosternum ; postérieurement terminé par une pointe libre ou détachée des parties voisines. Mésosternum comprimé en forme de lame à tranche horizontale ; à peu près aussi long sur cette tranche qu'il l'est à sa base. — *O[illegible]us* [illegible].

BB. Métasternum non relevé en devant en une lame à tranche horizontale aussi saillante que celle du mésosternum ; non terminé postérieurement en pointe libre.

C. Mésosternum relevé en lame comprimée et presque triangulaire, aussi saillante que les hanches. — *Oblongus*.

CC. Mésosternum à peine apparent, beaucoup moins saillant que les hanches. — *Fuscipes*.

NOTICE

SUR

JEAN-THÉODOSE DOUBLIER,

PAR

E. MULSANT.

(Lue à la Société Linnéenne de Lyon).

Notre ancienne Provence dans laquelle l'Entomologie a fait, dans l'espace de peu de temps, des pertes si regrettables [1], a vu s'éteindre encore une de ces existences d'élite qui semblent avoir pour essence l'amour du bien et du beau, et pour besoin l'étude ou l'admiration des œuvres de Dieu.

En esquissant la vie de celui sur la tombe duquel je veux essayer de jeter quelques fleurs, en vous parlant d'un naturaliste admis par la Société Linnéenne au nombre de ses correspondants, j'ai non-seulement pour but de remplir un devoir imposé aux fonctions que votre bienveillance m'a confiées, je tiens surtout à acquitter une des dettes les plus chères de l'amitié.

Jean-Théodose Doublier naquit le 11 janvier 1814, à Draguignan, chef-lieu du département du Var, d'une famille honorable. Enfant, il montra des dispositions précoces et un vif désir de s'instruire; dès cet âge, il sut se distinguer par cette aménité et cette douceur qui firent toujours le fond principal de

---

(1) MM. Solier et Fonscolombe, et MMmes Marie Wachanru et Louise-Caroline d'Aumont.

son caractère, et dont tous ses traits portaient si vivement l'empreinte. Il fit avec succès ses études au collége de Draguignan.

Ses rapports de tous les jours avec son oncle ([1]), naturaliste distingué, la vue des échantillons nombreux rassemblés par ce savant, lui inspirèrent de bonne heure cette admiration passionnée pour les œuvres de la création, qui ne devait s'éteindre en lui qu'avec la vie. Sous les yeux de son bon parent, il commença à s'occuper de Minéralogie; mais un peu plus tard, ayant eu l'occasion de recevoir un certain nombre de Coléoptères exotiques, leurs formes si variées et si singulières, la beauté de leurs élytres parées de teintes la plupart si brillantes, lui firent prendre l'Entomologie en affection toute spéciale.

Les insectes devinrent dès lors l'objet de ses recherches. Dans ce but, combien de fois n'a-t-il pas visité le bois de Maumont, ceux de Mascarelle et du Rouet, suivi les bords de la rivière d'Argens, exploré la plaine des Maures, poussé ses excursions jusqu'à la montagne de l'Esterel ou jusqu'aux plages sablonneuses de Saint-Raphael. Chaque promenade lui offrait des conquêtes faciles et l'enchaînait par des liens plus forts à cette étude attachante. Tel est l'avantage de l'histoire naturelle: les objets compris dans son domaine sont si nombreux, que sans sortir des limites d'un cercle assez restreint, elle peut sans cesse fournir des aliments nouveaux à la mobilité toujours renaissante de nos désirs.

La mort de son père ([2]) lui imposa une charge bien douce et bien facile pour son cœur, celle de servir à sa mère de protecteur

---

([1]) Dominique Doublier, aujourd'hui président de la Société d'Etudes scientifiques et archéologiques de la ville de Draguignan, et membre de diverses autres Sociétés savantes.

([2]) Il mourut le 27 mai 1839, âgé de soixante et un ans. Il était premier adjoint au maire de Draguignan, et l'un des membres de la maison de commerce établie sous la raison sociale de Clément frères et Cie.

et d'appui, de l'entourer encore de plus d'amour, s'il était possible, pour lui faire oublier son veuvage. Dès ce moment, il identifia pour ainsi dire sa vie avec la sienne. Malgré le bonheur apporté plus tard, dans son intérieur, par celle qu'il se plaisait à nommer un ange de vertu et de modestie, il ne put jamais se séparer de celle qui lui avait donné le jour, ni rien diminuer des soins affectueux qu'il lui prodiguait.

Un cœur doué d'une tendresse filiale si vive, ne pouvait être insensible aux peines des autres. Sa charité inépuisable envers les pauvres ne se bornait pas à ouvrir sa bourse aux misères notoires, sa main discrète allait surtout chercher celles qui se cachaient. Il semblait avoir des soulagements pour toutes les souffrances, des baumes pour toutes les douleurs ; il se faisait tout à tous.

Il avait été investi, le 1er octobre 1839, de la charge de greffier du tribunal de Commerce de Draguignan, et malgré l'exactitude et la régularité avec lesquelles il s'acquitta toujours de ses fonctions, il sut distribuer ses heures de manière à donner à l'histoire naturelle une bonne partie de son temps.

Des circonstances particulières me fournirent, il y a plus de vingt ans, l'occasion d'être son premier correspondant. Les rapports qui s'établirent entre nous à cette époque, et qu'il sut toujours rendre si agréables, ne tardèrent pas à se changer en une amitié intime, dont le temps, loin d'altérer les douceurs, resserra de plus en plus les nœuds.

Je serais bien oublieux d'ailleurs, si je ne redisais ici de combien d'espèces rares ou même inédites (1) je lui ai été redevable, durant les quatre lustres de nos relations si nombreuses ; si je ne faisais rejaillir sur lui toute la gloire de ces découvertes. Puissent les deux Coléoptères (2) chargés de transmettre son

---

(1) *Oxypleurus Nodieri*, *Niphona picticornis*, *Bolbocerus gallicus*, etc.

(2) *Harmonia Doublieri*. — *Hymenorus Doublieri*.

nom aux entomologistes à venir, leur faire connaître aussi toute ma reconnaissance !

Vers le milieu d'octobre 1843, il vint visiter Lyon qu'il ne connaissait pas encore. Les jours qu'il passa dans nos murs furent pour tous les amis de l'Entomologie des moments de fête. Il visita ceux d'entre eux qui se trouvaient alors à la ville (1), admira leurs belles collections, et s'en retourna plus attaché que jamais à l'étude de l'histoire naturelle.

L'année suivante, il voulut parcourir les montagnes de la Grande-Chartreuse, et recueillir de sa main les espèces alpines dont sa collection ne s'était jusqu'alors enrichie qu'avec le secours de ses amis. De Draguignan, il se dirigea sur Saint-Bonnet, dans les Hautes-Alpes, butina sur une partie de sa route, visita Grenoble, et arriva le 20 juillet au monastère, où nous nous étions donné rendez-vous. La route si accidentée et si pittoresque qui depuis Fourvoierie se déroule en sinuosités nombreuses sur les rives du torrent ; les roches gigantesques et souvent perpendiculaires dont elle est bordée ; ces sapins qui semblent pendre sur la tête du voyageur, ou qui d'autres fois, échelonnés sur ces pics dentelés, offrent l'image des géants cherchant à escalader les cieux ; ces eaux, parfois profondément encaissées, qui descendent en se brisant contre les roches dont leur lit est obstrué ; l'horizon borné qu'on a devant soi, et dont le tableau mobile change presque à chaque pas ; l'imposante majesté du désert, tout contribua à électriser son imagination facilement impressionnable ; il arriva au couvent ému de plaisir et d'admiration. D'autres surprises l'attendaient bientôt. Ces forêts antiques, ces prairies émaillées de fleurs, allaient lui offrir une multitude de Coléoptères qui jamais ne s'étaient présentés vivants à ses yeux.

La Grande-Chartreuse sera toujours la terre promise pour nos entomologistes. Malgré les soins de l'administration forestière à

(1) MM. E. Armand, Foudras, Gacogne, Guillebeau, G. Levrat, Merck, Perroud et Rey.

tirer parti des bois en temps utile, à ne pas les abandonner aux outrages des ans et des vers rongeurs, une foule d'arbres de diverses essences, des sapins surtout, nés sur des points où la hache ne peut aller les frapper, deviennent à leur déclin le berceau d'un grand nombre d'insectes ; ceux-ci descendent ensuite de ces hauteurs, pour visiter les ombelles des prés.

Les trois jours passés dans ces lieux ne purent émousser ses jouissances. Longtemps après, il aimait à se rappeler les moments passés le soir à la fenêtre de sa cellule, à contempler, par un beau clair de lune, ces remparts naturels servant à enclore le désert, et sur lesquels viennent expirer les derniers bruits du monde ; à reposer ses regards sur les sombres rideaux de sapins déployés devant lui ; à les élever vers ce grand Som, dont la tête chenue semble soutenir la voûte des cieux ; à prêter l'oreille à ce silence, ailleurs inconnu, que troublaient seuls les cris lugubres de l'oiseau des ténèbres, ou la voix sonore de la cloche du couvent. Il vit encore une fois Lyon à son retour.

En 1845, dans un voyage entrepris avec deux de mes amis (1), dans le midi de la France, nous arrivâmes à Draguignan dans la première quinzaine de juin. Nous reçûmes de la famille Doublier cet accueil d'une cordialité empressée dont l'amitié la plus affectueuse peut seule trouver le secret. Pendant trois jours, nous parcourûmes, sous la conduite de notre ami, les localités les plus favorisées, et nous trouvâmes à nous y enrichir de quelques-uns des insectes les plus rares de ces contrées privilégiées.

Peu de temps après notre départ, le cœur de Doublier, si bien fait pour aimer, se trouva livré à une préoccupation à laquelle se rattachait le bonheur de sa vie. L'amour et la raison, si rarement d'accord, semblaient s'être entendu cette fois pour le

---

(1) MM. Gacogne et Léon Olph-Galliard.

guider dans le choix d'une compagne. Après cinq mois d'espérances et de craintes, ses vœux finirent par être exaucés, et le 21 décembre 1845, il épousait Mlle Marie-Adèle Porre.

Rien ne manqua dès lors à sa félicité, si ce n'est de voir un être nouveau venir resserrer encore les liens de son heureuse union. Après quatre ans et demi d'attente le Ciel exauça ses désirs ; il lui naquit une fille, le 18 mai 1850.

Quelques mois après, dans un nouveau voyage dans le midi, j'arrivai à Draguignan dans la soirée du mercredi 28 août ; je n'oublierai jamais cette date. Notre ami, prévenu de ma visite, m'attendait à la ville, pour me conduire à sa campagne, où se trouvait sa famille. Le plaisir d'être ensemble, les douces causeries, la diversité et la richesse des produits de ce sol méridional, nous firent parcourir, sans nous en douter, la distance à franchir. Le ciel était empourpré des derniers rayons du jour, quand nous touchions au but de notre promenade. Je revis là sa bonne mère, qui cinq ans auparavant avait eu pour nous des soins si attentifs et si délicats ; je donnai à sa jolie fillette un baiser, qui devait être aussi le dernier ; et je fus présenté à sa jeune femme qu'il me tardait de connaître. L'esquisse charmante qu'il m'en avait tracée n'avait rien de flatté ; si j'avais eu à peindre la douceur unie à la grâce, je n'aurais pas choisi d'autre modèle. Le souper nous attendait. L'amitié s'était chargée d'y ajouter tous ses charmes. La table avait été dressée dehors, devant la maison, sous le voile étoilé de la nuit, près du jardin, dont les fleurs caressées par la brise légère, nous envoyaient les parfums de leurs odorantes corolles. Des insectes crépusculaires inconnus à nos contrées (1), attirés par l'éclat des flambeaux, venaient s'abattre sur la nappe et nous procurer les plaisirs d'une chasse facile. Jamais, je crois, jouissances plus douces ne me firent passer des mo-

---

(1) Des *Vesperus strepens* ♂.

ments plus délicieux. Hélas, qui m'aurait dit que peu d'années après, je serais le seul survivant de tous ceux avec lesquels j'étais alors si joyeusement attablé !

Le lendemain, après une visite à son frère, nous passâmes en revue les richesses de son cabinet. Outre les insectes, il offrait une petite collection d'oiseaux empaillés avec beaucoup d'art, des coquillages et diverses autres productions naturelles. Il me fit faire la connaissance de M. Jaubert, amateur plein de zèle et de talent, qui depuis a malheureusement délaissé l'entomologie pour l'étude des fossiles. Puis, pressé par le temps, il fallut m'arracher à ses instances et prendre la route de Toulon, sans avoir pu faire une excursion dans les alentours.

C'était pourtant là un des plaisirs qui avaient pour lui le plus de douceur, que celui de passer quelques journées avec d'autres amis de la nature, de les conduire dans les lieux les plus riches en espèces rares, de leur fournir l'occasion de se féliciter des moments passés près de lui. Combien de fois n'a-t-il pas ainsi piloté les entomologistes de passage (1) sur son département? Sa générosité, pour ceux qui le favorisaient d'une visite, était souvent embarrassante. Dans son empressement à leur être agréable, il leur offrait jusqu'aux objets uniques de ses collections, il les forçait à les accepter, s'il avait cru lire dans leurs yeux le simple désir de les posséder.

Doublier se préparait à donner le Catalogue des Coléoptères du département (2). Il aurait pu se faire plus spécialement connaître dans la science, en mettant au jour ses découvertes ou ses observations, si le manque d'ouvrages et une foule d'autres obsta-

---

(1) MM. Arias, Bompart, de Cérisy, Foudras, l'abbé Fournier, Gabillot, Gacogne, Guérin, Hauri, l'abbé V. Mulsant, Perroud, Rey, Robert, Schaum, etc. Outre les personnes déjà nommées, il avait eu divers correspondants : MM. Billot, de Hagueneau ; Ecoffet, de Nîmes; d'Aumont; Donzel, de Lyon; Gaubil; Wachanru, de Marseille, etc.

(2) Dans le second volume du Prodrome d'histoire naturelle, dont le premier tome venait alors de paraître.

cles ne rendaient toute publication bien difficile pour un habitant de la province, surtout pour celui qui est éloigné des grands centres de population. Ses penchants d'ailleurs ne le poussaient pas vers la renommée. L'étude de l'Histoire naturelle était une distraction qui plaisait à ses goûts ; il ne cherchait rien au-delà des jouissances agréables qu'elle lui procurait. La Société Linnéenne de Lyon l'avait admis au nombre de ses correspondants ; sa modestie ne lui avait jamais permis d'ambitionner l'honneur d'appartenir à un autre corps savant.

J'en aurais sans doute dit assez pour faire connaître l'entomologiste, et surtout l'homme aimable et bon par excellence ; peut-être devrais-je me borner à raconter comment s'est terminée cette existence si douce et néanmoins si bien remplie. Mais quelques uns des détails qui vont suivre m'ont paru si touchants, que je n'ai pu résister au désir de les rapporter. Ils serviront d'ailleurs à compléter cette notice.

Doué de cette droiture de cœur qui semble devenir de plus en plus rare, doté des qualités les plus aimables, de toutes celles qui constituent l'homme de bien, il ne manquait, faut-il le dire, il ne manquait à Doublier, distrait par les occupations de la vie, que de remplir plus exactement tous les devoirs de la religion, pour être en tous points le modèle le plus accompli. Le voir arriver à cet état de perfection, était le rêve de Mme Doublier, l'objet incessant de ses prières. C'était trop peu pour elle que d'être unie à lui durant les jours si courts que nous avons à passer sur la terre, elle voulait avoir l'assurance de n'être pas séparée de son ami pendant cette vie future, au sein de laquelle la mort n'aura plus d'empire.

Un soir du mois de janvier 1852 (1), tourmentée d'une manière plus vive par cette pensée, elle se jette à genoux aux pieds de son lit, et les yeux humides de larmes : Mon Dieu ! mon

---

(1) Époque durant laquelle avaient lieu, à Draguignan, les exercices du Jubilé.

Dieu ! s'écrie-t-elle dans son cœur, serais-je destinée, après avoir goûté ici bas avec mon époux un bonheur sans mélange, à ne pas le voir partager avec moi la félicité promise à ceux qui vous auront servi fidèlement? Ah ! plutôt qu'il en soit ainsi, coupez le fil de cette vie qui se montre encore à moi sous un jour si riant ; exigez, s'il le faut, un sacrifice plus pénible encore ; mais ô mon Dieu ! prêtez l'oreille aux supplications que je vous adresse pour cet autre moi-même. Elle se relève alors avec confiance. Sa prière était animée d'une foi trop vive pour n'être pas écoutée... Le lendemain ses vœux étaient exaucés !

Hélas ! le bonheur parfait ne peut durer sur la terre. Celui dont jouissaient ces époux fut mis, un an après, à une rude épreuve. La fille que le Ciel leur avait accordée après cinq ans environ d'attente et de prières, cette enfant dont les qualités aimables et précoces faisaient l'admiration de tous , cet objet de leur joie et de leur orgueil, leur fut enlevée le 31 janvier 1853.

Pour faire diversion à cet événement cruel, et pour se distraire tous les deux de la pensée d'une perte si douloureuse, le voyage de Rome fut résolu ; mais captivé par les obligations de la recette municipale (1) qui lui avait été confiée depuis quelques années, notre ami fut obligé de renoncer, pour son compte, à ce projet, dont la non réalisation lui causa de profonds regrets jusqu'à la fin de sa vie. Son épouse partit donc seule avec son oncle. Elle s'embarqua à Marseille ; visita Gênes et Florence. Dans la capitale du monde catholique, elle assista aux cérémonies si émouvantes de la semaine sainte. Notre ambassadeur à Rome, dont Doublier avait l'honneur d'être personnellement connu, M. le comte de Rayneval, si obligeant pour tous,

(1) Il avait cédé sa charge de greffier du tribunal de Commerce de Draguignan le 20 mai 1844, et avait été nommé receveur municipal le 25 mai 1847, fonctions qu'il a exercées jusqu'à sa mort.

lui procura toutes les facilités possibles pour augmenter les agréments de son séjour dans la ville éternelle; il lui fit même obtenir, le mercredi après Pâques, une audience particulière du Souverain Pontife. Elle poursuivit sa route jusqu'à Naples, où MM. Costa, ces naturalistes si connus, eurent pour elle et pour son oncle ces attentions prévenantes qu'on est si heureux de trouver sur une terre étrangère. Depuis Gênes, leur petite caravane s'était enrichie de la compagnie de M. l'abbé Glaire, doyen de la faculté de théologie de Paris ; il voulut bien partout leur servir de cicérone ; il sut leur faire oublier une partie des ennuis et des longueurs du voyage. Mme Doublier rentra le 10 mai, à Draguignan, émerveillée de tout ce qu'elle avait vu.

Pendant l'absence de son épouse, notre ami cherchait dans la chasse aux insectes une distraction à ses chagrins; mais le coup qu'il avait reçu avait été si rude, qu'il se plaignait de ne pouvoir plus faire de longues excursions.

Ses sentiments, depuis la mort de sa fille, avaient pris un caractère plus profondément religieux. Il aimait à se la figurer au milieu des esprits célestes qui entourent le trône de Dieu. Dès ce jour, il ne cessa de l'invoquer comme un ange protecteur, de la conjurer de lui servir de guide, et de venir à sa dernière heure lui adoucir le passage de cette vie à l'autre. Quelquefois après cette prière : Il me semble, répétait-il à sa bien-aimée, il me semble que je ne craindrais pas la mort! On aurait dit qu'il pressentait sa fin prématurée. Et cependant tout était fait pour l'attacher encore à ce monde!

Il venait d'avoir depuis peu l'espérance d'obtenir un nouveau gage de la fécondité de son épouse, quand après une course faite par un temps froid, une pneumonie se déclara. A peine commençait-il à être hors de danger, qu'une autre maladie, la suette, le jeta bientôt dans un délire prolongé. Il recouvra enfin assez de lucidité pour recevoir et apprécier les consolations et les secours que la religion accorde au chrétien mourant. Puis, tout à coup, ses yeux prirent une vivacité extraordinaire ; les bras tendus, il s'efforçait de soulever son corps affaibli ; ses lèvres murmuraient le nom de sa fille chérie. Il voyait sans doute alors cet ange qu'il avait si souvent invoqué, venir au-devant de son âme pour la conduire dans les voies de l'éternité. Après dix minutes de ce spectacle saisissant, pendant lequel les assistants attendris fondaient en larmes, il abandonna sa main à celle qu'il avait tant aimée, pour lui faire sentir les derniers mouvements d'un cœur qui n'avait cessé de battre pour elle. Bientôt les ombres de la mort commencèrent à l'envelopper, et quelques moments après il exhalait son dernier soupir. C'était le dimanche 15 janvier 1854, vers les dix heures du soir.

La nouvelle de ce douloureux événement ne plongea pas seulement dans le deuil ses parents et ses amis. Le nom de Doublier inspirait tant de sympathie, il était si universellement aimé, que la population de la ville presque tout entière, se porta spontanément à ses funérailles. Riches et pauvres, chacun voulut se faire un devoir de lui dire un suprême adieu. Aucun discours ne fut prononcé sur sa tombe; mais la tristesse peinte sur tous les visages, les larmes abondantes qui coulaient des yeux, exprimaient avec une éloquence plus saisissante que les paroles, la perte cruelle que le pays venait de faire.

Quand l'ange de la mort a pris son vol vers une maison, il est rare qu'il ne revienne pas frapper d'autres coups, à des distances plus ou moins rapprochées. Qui de nous a vécu un peu de temps sans en faire la triste expérience ! La famille Doublier en offrit une nouvelle preuve Une des tantes de notre ami, veuve de l'ancien bibliothécaire de la ville, le suivit de près. Sa pauvre mère, qui aurait donné mille fois sa vie pour la sienne, termina son existence le 15 décembre suivant. Dans les premiers mois de 1855, l'un de ses oncles, receveur de l'hospice et son successeur en qualité de receveur municipal, paya son tribut. Enfin le 23 septembre de la même année, sa veuve désolée, subit le même sort. Depuis le printemps, elle s'était retirée à la campagne pour y sevrer son enfant né cinq mois après le décès de son père. Elle n'y put échapper au fléau qui décimait Draguignan ; elle fut atteinte de la suette, et mourut en tournant ses derniers regards sur sa fille, qu'elle laissait orpheline à seize mois !

Pauvre enfant ! dont le front, à votre naissance, a été voilé d'un crêpe funèbre ! Vous, qui n'avez jamais connu la douceur des baisers d'un père ; vous, qui avez vu s'éteindre une mère si parfaite, au moment où à peine vous commenciez à bégayer son nom, et à sentir le prix de ses soins et de son amour ! Si jamais ces lignes tracées par l'amitié venaient à tomber sous vos yeux, puissent-elles vous dire de quels excellents parents vous êtes issue ! Lorsqu'on sait, comme eux, passer sur la terre en y faisant le bien, s'y concilier l'estime et l'affection, on laisse, dans le cœur de ceux qui nous ont connu, des regrets vivement sentis, et que le temps, destructeur de toutes choses, ne saurait complètement effacer !

DESCRIPTION

DE LA

LARVE DU LUDIUS FERRUGINEUS, Linn.

PAR

E. MULSANT et GUILLEBEAU.

(*Lue à la Société Linnéenne de Lyon, le 14 juillet 1856.*)

Larve allongée ; presque cylindrique ; hexapode ; de douze anneaux outre la tête ; revêtue d'une peau coriace ou parcheminée, lisse, luisante, en majeure partie d'un flave testacé ou d'un flave orangé, suivant l'âge ou les circonstances, avec les extrémités, et divers signes plus foncés sur les autres anneaux. *Tête* d'un roux fauve ; au moins aussi longue que large ; à peine arquée sur les côtés ; un peu rétrécie d'arrière en avant ; échancrée et denticulée à son bord antérieur ; dirigée en avant ; déclive et moins épaisse d'arrière en avant ; déprimée en dessus, un peu inégale ; rayée de deux sillons longitudinaux, un peu en zig-zag, situés chacun près de la ligne médiane, naissant vers le bord antérieur et prolongés jusque vers les deux tiers de la longueur ; marquée de chaque côté, près de son bord postérieur, de trois points enfoncés, transversalement disposés, donnant chacun naissance à un poil souvent usé ; à suture crevicale, représentée par deux lignes postérieurement réunies presque en demi-cercle, formant une figure ovalaire ouverte en devant et avancée jusqu'à la moitié de la longueur, où chaque ligne se dirige transversalement vers le bord latéral. *Epistome* marqué de chaque côté de la ligne médiane, d'un point enfoncé vers la base du labre : celui-ci, court, étroit, situé dans une échancrure de l'épistome. *Mandibules* saillantes ; arquées ; cornées ; noires ; terminées en pointe à leur extrémité ; armées d'une forte dent au milieu de leur côté interne. *Antennes* insérées au côté externe de la base des mandibules : de quatre pièces : la basilaire, subglobuleuse membraneuse, blanchâtre : les autres d'un flave roux ou d'un roux fauve : la deuxième grosse, presque cylindrique, plus longue que les deux suivantes prises ensemble : la troisième, presque cylindrique, offrant de chaque côté à son extrémité, une saillie, courte, conique, membraneuse : la quatrième, grêle, conique, terminée par un poil. *Echancrure progéniale* prolongée jusqu'aux deux tiers du dessous de la tête ; remplie par les mâchoires et par le menton, et par trois petites pièces situées en arrière des précédentes, et disposées d'avant en arrière dans l'ordre ci-joint : deux, une : les trois pièces antérieures d'un flave orangé, allongées, presque parallèles : les mâchoires un peu plus étroites postérieurement que le menton. *Mâchoires* bi-articulées ; garnies au côté interne d'une membrane ciliée. *Palpes maxillaires* dépassant en devant les mandibules dans l'état de repos ; d'un roux fauve ; coniques ; de quatre articles. *Palpes labiaux* de même couleur que les précédents ; de moitié plus courts ; coniqnes ; de deux articles. *Corps* presque cylindrique jusqu'au onzième anneau inclusivement ; rayé d'une ligne longitudinale médiaire ; offrant sur chacun des onze premiers anneaux : 1° un point enfoncé, latéral, près du bord antérieur : 2° deux lignes obscures en forme de V incomplet postérieurement, situées près du bord antérieur, et de chaque côté, une autre un peu plus en dehors: 3° un anneau linéaire obscur, situé près du bord postérieur : 4° deux points enfoncés donnant chacun naissance à un poil souvent usé, situés près du bord postérieur, l'un, vers le bord latéral : l'autre, entre celui-ci et la ligne médiane : 5° une ligne longitudinale située de chaque côté et raccourcie à ses extrémités sur chaque arceau : le premier segment ou prothoracique plus foncé, d'un roux fauve, aussi long environ que les deux suivants réunis, offrant de plus que les autres de chaque côté de la ligne médiane : 1° deux points enfoncés près du bord antérieur : l'un, près de la ligne du milieu : l'autre, entre celui-ci et le latéral : 2° deux lignes transversales, formant avec leurs pareilles une sorte d'arc interrompu et dirigé en arrière, près du bord antérieur : 2° un faisceau de lignes longitudinales courtes et obscures, près de l'anneau linéaire, entre la ligne du milieu et le bord latéral : sur cet anneau les deux lignes en forme de V sont situées près de la moitié de la longueur, et les lignes latérales manquent ou sont peu marquées : anneaux cinq à onze presque égaux : le douzième plus long que le onzième, en cône obtus; marqué de points enfoncés un peu irrégulièrement disposés, donnant chacun naissance à un poil ; offrant son arceau inférieur à peine prolongé au-delà du sixième basilaire de sa longueur, arrondi en demi-cercle à son extrémité : cet arceau raccourci offrant, outre l'anus, un petit mamelon exsertile servant à la marche de la larve. *Dessous du corps* plus pâle que le dessus; montrant sur le premier arceau une pièce en angle très-ouvert, dirigée en arrière et appuyée contre la première paire de pieds : cette pièce paraissant représenter le prosternum. *Pieds* au nombre de six, disposés par paire sous chacun des trois premiers segments ; de longueur médiocre ; formés de quatre pièces, garnies en dessous de poils spinosules : la dernière terminée par un ongle assez long. *Stigmates* au nombre de neuf paires : la première ou thoracique, située près du bord antérieur du deuxième anneau, ou joignant la ligne longitudinale servant à séparer les arceaux supérieurs des inférieurs : les huit autres paires, un peu plus en dehors, sur les quatrième à onzième segments.

Long. 0,0247 (11 l.).

Cette larve vit dans les parties gâtées ou dans le terreau de divers arbres, et y subit sa métamorphose en nymphe. L'insecte parfait paraît en juin ou juillet.

TABLE ALPHABÉTIQUE

DES ESPÈCES DÉCRITES.

Coléoptères.

Larves.

Hémiptères-hétéroptères.

FIN DE LA TABLE.

Ouvrages du même Auteur.

Histoire naturelle des Coléoptères de France.

— Longicornes. *Paris*. 1839. 1 vol. in-8.

— Lamellicornes. *Paris*. 1842. 1 vol. in-8.

— Palpicornes. *Paris*. 1844. 1 vol. in-8.

— Sulcicolles. — Sécuripalpes. *Paris*. 1846. 1 vol. in-8.

— Latigènes. — *Paris*. 1854. 1 vol. in-8.

— Pectinipèdes. *Paris*. 1855. 1 vol. in-8.

— Barbipalpes. *Paris*, 1856. 1 vol. in-8.

— Longipèdes. *Paris*. 1856. 1 vol. in-8

— Latipennes. *Paris*, 1856. 1 vol. in-8.

Spéciès des Coléoptères trimères sécuripalpes. *Lyon et Paris*. 1850-1851. 1 vol. en deux parties grand in-8.

Opuscules entomologiques grand in-8°.

— 1er cahier. 1852.

— 2me cahier. 1853.

— 3me cahier. 1853.

— 4me cahier. 1853.

— 5me cahier. 1854.

— 6me cahier. 1855.

— 7me cahier. 1856.

Cours d'histoire naturelle. *Paris*, 1856 (Zoologie).

Sous presse :

Histoire naturelle des Coléoptères de France.

— Hétéromères. (Suite et fin).

— Sternoxes.

Opuscules entomologiques grand in-8°.

— 8me cahier.

Cours d'Histoire naturelle. (Physiologie).

Lyon. — Imp. de F. DUMOULIN, rue St-Pierre, 20.

www.ingramcontent.com/pod-product-compliance
Ingram Content Group UK Ltd.
Pitfield, Milton Keynes, MK11 3LW, UK
UKHW020324230726
13925UKWH00002B/611